essentials

Essentials liefern aktuelles Wissen in konzentrierter Form. Die Essenz dessen, worauf es als „State-of-the-Art" in der gegenwärtigen Fachdiskussion oder in der Praxis ankommt. *Essentials* informieren schnell, unkompliziert und verständlich

- als Einführung in ein aktuelles Thema aus Ihrem Fachgebiet
- als Einstieg in ein für Sie noch unbekanntes Themenfeld
- als Einblick, um zum Thema mitreden zu können

Die Bücher in elektronischer und gedruckter Form bringen das Fachwissen von Springerautor*innen kompakt zur Darstellung. Sie sind besonders für die Nutzung als eBook auf Tablet-PCs, eBook-Readern und Smartphones geeignet. *Essentials* sind Wissensbausteine aus den Wirtschafts-, Sozial- und Geisteswissenschaften, aus Technik und Naturwissenschaften sowie aus Medizin, Psychologie und Gesundheitsberufen. Von renommierten Autor*innen aller Springer-Verlagsmarken.

Alexander Starnecker · Johannes Lutz

Wirtschaftliche 3D-Druck-Strategien

Anwendungsbereiche, um industrielle additive Fertigung profitabel zu skalieren

 Springer Vieweg

Dr. Alexander Starnecker
Geschäftsführender Gesellschafter
Weisser Spulenkörper GmbH & Co. KG
Neresheim, Deutschland

Johannes Lutz
Inhaber und Geschäftsführer
3D Industrie GmbH
Berkheim, Deutschland

ISSN 2197-6708   ISSN 2197-6716   (electronic)
essentials
ISBN 978-3-662-72223-7   ISBN 978-3-662-72224-4   (eBook)
https://doi.org/10.1007/978-3-662-72224-4

Die Deutsche Nationalbibliothek verzeichnet diese Publikation in der Deutschen Nationalbiblio-
grafie; detaillierte bibliografische Daten sind im Internet über https://portal.dnb.de abrufbar.

Springer Vieweg ist ein Imprint der eingetragenen Gesellschaft Springer-Verlag GmbH, DE und
ist ein Teil von Springer Nature.
Die Anschrift der Gesellschaft ist: Heidelberger Platz 3, 14197 Berlin, Germany

Wenn Sie dieses Produkt entsorgen, geben Sie das Papier bitte zum Recycling.

Was Sie in diesem *essential* finden können

- **Strategien zur wirtschaftlichen Nutzung von 3D-Druck**
  - mit Fokus auf industrielle additive Fertigung (IAM) und deren Skalierung
- **Einblicke in Denkweisen und mentale Blockaden**
  - die den erfolgreichen Einsatz von 3D-Druck fördern oder verhindern
- **Konkrete Praxisbeispiele und Methoden**
  - aus der realen Umsetzung in produzierenden Unternehmen
- **Kriterien zur Auswahl sinnvoller Anwendungen**
  - inklusive Not-To-Do-Liste und typischer Fehlerquellen
- **Flexibilität als 4. Dimension der Serienfertigung**
  - IAM kann nicht nur vergleichbare Qualität schneller und günstiger liefern

Vorwort

Wir sind fest davon überzeugt, dass industrieller 3D-Druck die Produktion von Betriebsmitteln und Serienbauteilen revolutionieren wird. Die meisten produzierenden Unternehmen sehen 3D-Druck noch als Spielerei. Der eine Drucker, der irgendwo in der Ecke einstaubt, wurde angeschafft, um in der Unternehmenspräsentation den 3D-Druck als Kompetenz aufzuführen. Sie verstehen 3D-Druck noch als reine Technologie und nicht als Prozess. Diese Unternehmen haben verpasst, dass 3D-Druck zwischenzeitlich zu einem profitablen und skalierbaren Produktionsprozess, in Form der industriellen additiven Fertigung, geworden ist. Diejenigen, die es verstanden haben, werden die Disruption in der Serienproduktion anführen und in ihren Unternehmen, wie auch bei ihren Kunden, für wirtschaftlichen Erfolg sorgen.

Dieses Buch richtet sich an Umsetzer. Im 3D-Druck zählen nämlich nicht bloß Ideen, was man damit machen kann, sondern vor allem konkrete Ergebnisse. Deshalb möchten wir auf den folgenden Seiten Aha-Momente schaffen, indem wir den 3D-Druck gezielt aus einer ungewohnten Perspektive beleuchten – fernab der üblichen technischen Erklärungen. Mit erprobten Methoden und Praxisbeispielen aus der industriellen Nutzung geben wir Einblicke in das, was wir selbst erlebt und umgesetzt haben. Dabei war uns radikale Ehrlichkeit besonders wichtig.

An dieser Stelle möchten wir auch gleich für Klarheit bezüglich der häufig verwendeten Begrifflichkeiten sorgen. Der (industrielle) 3D-Druck ist die Technologie (SLA, SLS, FDM und andere Verfahren). Die industrielle additive Fertigung (Englisch: Industrial Additive Manufacturing; Abkürzung: IAM) ist der Prozess, von Auftragseingang über Datenaufbereitung, Produktion und Qualitätssicherung bis zum Versand, der eine neue Betrachtungsweise erfordert und in den der 3D-Druck lediglich als Technologie eingebettet ist.

Wer den 3D-Druck erfolgreich im Unternehmen einsetzen möchte, muss eine grundlegende Voraussetzung mitbringen: die richtige Denkweise, kombiniert mit einer konsequenten Herangehensweise und deren Umsetzung. Dabei geht es zu Beginn darum, Fehlentscheidungen und Misserfolg zu vermeiden, denn dies führt automatisch zu Erfolg und dem Meistern des wirtschaftlichen Einsatzes von industriellem 3D-Druck.

Und ein letzter Gedanke: Wer 3D-Druck nicht strategisch denkt, verliert operativ. Denn industrielle additive Fertigung beginnt nicht nur in der Technikabteilung – sondern auch in der Chefetage.

Da wir unsere Formulierungen weder Geschlechtsneutral noch beidseitig gewählt haben, möchten wir darauf hinweisen, dass wir mit allen Aussagen stets beabsichtigen, alle Geschlechteridentitäten anzusprechen.

Inhaltsverzeichnis

Über die Autoren

© Nico Pudimat

Dr. Alexander Starnecker ist Geschäftsführer von Weisser Spulenkörper, einem seit über 100 Jahren in der Elektronikindustrie erfolgreichen Familienunternehmen, Marktführer in seiner Branche und Hidden Champion.

Seine fachlichen Grundlagen hat er sich in seinem wirtschaftswissenschaftlichen Studium mit Schwerpunkt Strategie und der anschließenden Promotion mit Fokus auf Technologietransfer gelegt. Die Fähigkeit, sich schnell und lösungsorientiert in neuen und sich verändernden Situationen zurechtzufinden, verdankt er seiner sich daran anschließenden praktischen Erfahrungen als Berater, Umsetzer und Beirat in zahlreichen Unternehmen. Aus seiner Tätigkeit in der Unternehmensentwicklung und der Restrukturierung stammt seine branchenübergreifende Expertise für die nachhaltige Ausrichtung von Geschäftsmodellen. Er ist Pionier im Bereich des industriellen 3D-Drucks und fest davon überzeugt, dass die industrielle additive Fertigung die Art, wie wir heute produzieren, disruptiv revolutionieren wird.

www.weisser-iam.de
www.weisser.de

3D Industrie GmbH

Johannes Lutz war bereits neben seinem Maschinenbau- und Wirtschaftsstudium im technischen Vertrieb und in der Anwendungsfindung für 3D-Druck aktiv und gründete dann 2016 das Unternehmen Mark3D GmbH. Dabei konzentrierte er sich gezielt auf den Vertrieb von 3D-Drucken für Betriebsmittel und Fertigungshilfen.

Da zu Beginn die 3D-Druck-Technologie unbekannt war und Anwendungen für Bauteile schwer argumentierbar waren, beschloss er, alles dafür zu tun, dass die Unternehmen von 3D-Druck überzeugt sind, diesen erfolgreich einsetzen können, Teile drucken und somit als Ergebnis Zeit und Geld sparen sowie innovativer sind.

Da die Beratung von Unternehmen zum Thema 3D-Druck weiter zunahm, traf er die Entscheidung, sich hier klarer zu positionieren und gründete 2019 die 3D Industrie GmbH.

Heute hilft er mittelständischen Unternehmen, 3D-Druck profitabel zu implementieren und 3D-Druck-Dienstleistern schneller und einfacher an Aufträge zu kommen. Johannes Lutz ist Autor des Buches 3D-Druck Profi-Wissen und veröffentlicht jeden Dienstag eine neue 3D-Druck-Podcast-Folge.

www.3dindustrie.de

www.3ddruck-podcast.de

Vom Technikhype zur echten Wertschöpfung

1

1.1 Serienproduktion ermöglicht Wohlstand...

Ohne Serienproduktion gäbe es nicht den Wohlstand, den wir heute in den Industrienationen erfahren dürfen. Kaum ein Haushalt hätte einen Kühlschrank, mindestens ein Auto und die Vielzahl an anderen Konsumgütern. Vor 100 Jahren kam ein durchschnittlicher Haushalt in Deutschland mit ca. 180 Gegenständen aus, heute sind es laut Statistischem Bundesamt ca. 10.000. Unser Buch über die industrielle additive Fertigung (oder Industrial Additive Manufacturing, was wir im weiteren Verlauf mit IAM abkürzen werden) beschäftigt sich selbstverständlich nicht mit der Frage nach der Notwendigkeit dieser Gegenstände. Vielmehr interessiert uns, wie den Industrienationen diese beeindruckende Entwicklung gelungen ist.

Die aus der industriellen Revolution resultierende Serienfertigung hat sich innerhalb der letzten 100 Jahre anhand von drei Dimensionen kontinuierlich optimiert: Qualität, Kosten und Zeit. Wir können auch vom magischen Dreieck (siehe Abb. 1.1) der Serienfertigung sprechen. Das Problem an diesem Dreieck ist, dass wir nicht in der Lage sind, alle drei Eckpunkte – also den bestmöglichen Zustand – gleichzeitig zu erreichen. Denn eine Verbesserung der Kostenstruktur kann zu einer Reduzierung der Qualität führen. Deswegen unterscheiden wir zwischen Kostenführerschaft und Qualitätsführerschaft, wenn wir Unternehmen kategorisieren.

Bis hierhin ist dies vermutlich für keinen unserer Leser eine neue Erkenntnis. Alle kennen die Lehrbuchstrategien von Aldi oder Porsche. Wir erleben in der Realität allerdings nicht nur Aldis und Porsches – die Mehrzahl der Unternehmen befindet sich irgendwo dazwischen. Das bedeutet, dass sie ihre Unternehmen anhand der drei Faktoren gleichzeitig optimieren. Treiber ist selbstverständlich

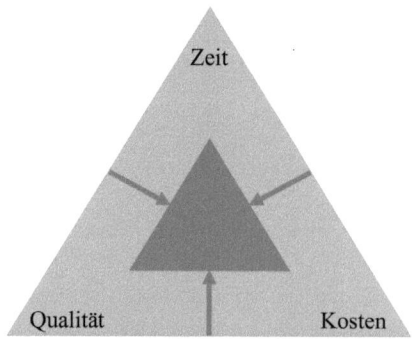

der Kunde. Unternehmen streben danach, alle drei Faktoren immer weiter zu optimieren, ohne die Chance, jemals alle drei Eckpunkte zu erreichen. Manche würden daraus schließen, dass sich folglich nichts verändert, was natürlich nicht stimmt. Denn was bildlich gesprochen passiert, ist die Verkleinerung des Dreiecks und somit eine Annäherung an die drei Extreme. Ein großartiger Erfolg, den Industrieunternehmer erreicht haben.

… und fordert ihren Tribut

Allerdings gibt es zwei Nachteile. Erstens: Je kleiner das Dreieck wird, desto geringer wird unsere Möglichkeit, uns gegenüber unseren Marktbegleitern zu differenzieren. Unser Streben nach kontinuierlicher Verbesserung führt folglich dazu, dass wir austauschbar werden, da wir uns nicht mehr voneinander unterscheiden. Die Differenzierung erfolgt nicht mehr über die drei Kriterien der Serienproduktion, sondern ausschließlich durch die Vermarktung. Beispiel gefällig? Was ist der funktionale Unterschied zwischen einem Schuh von Nike und einem von Adidas? Eigentlich keiner.

Der zweite Nachteil, der aus der Verkleinerung des Dreiecks resultiert, ist der Preis, den wir für die Optimierung der drei Faktoren zahlen müssen. Dieser liegt in der Natur der Sache. Wie haben wir in der Vergangenheit Qualität, Kosten und Zeit optimiert? Durch Standardisierung. Die Fließbandproduktion ist dafür nur ein Beispiel, der Burger im Fast-Food-Restaurant ein anderes. Wir standardisieren unsere Prozesse mit einer Penetranz, die heute schon fast dogmatisch ist. Jeder Handgriff wird geplant, durchgeführt und dokumentiert, um bei gleichbleibend hoher Qualität und sinkenden Kosten schneller produzieren und liefern zu können. Der Preis, den wir dafür zahlen, ist der Verlust der Flexibilität. Wenn wir heute ein Auto konfigurieren, wird uns Flexibilität geschickt vorgetäuscht. Das merken wir sehr schnell daran, wenn das Lichtpaket nicht zum Laderaumpaket

passt und der Konfigurator Sie zwingt, sich für eine der beiden Varianten zu ent-
scheiden.

Ist eine gewisse Flexibilität allerdings unerlässlich für das Geschäftsmodell, dann muss ein hoher Preis dafür bezahlt werden. Um unseren Kunden
die Flexibilität von über 4000 in Serie produzierten Artikeln zu ermöglichen,
haben wir viel Geld in Logistikprozesse und Hochregallagerplätze investiert.
Wir sind uns sicher, dass jede Leserin und jeder Leser hierzu ein eigenes Beispiel hat. Letztendlich haben wir uns damit abgefunden, dass Flexibilität ihren
Preis hat. Die entscheidende Frage ist, wie lange wir noch mit unseren konventionellen Fertigungsverfahren in der Lage sind, die immer weiter steigenden
Anforderungen an Flexibilität zu gewährleisten. Wie wollen wir mit unseren hoch
standardisierten Prozessen auf die zunehmende Komplexität und Megatrends wie
Mass Customization reagieren? Wenn Sie darauf für sich schon eine Antwort
gefunden haben, können Sie an dieser Stelle beruhigt aufhören zu lesen. Wenn
nicht, gestatten Sie uns einen kurzen Blick auf die Bedeutung von Flexibilität in
unserem Produktionsumfeld, bevor wir (und Sie ahnen es wahrscheinlich schon)
die IAM als Lösung für die oben beschriebene Problematik genauer vorstellen.

1.2   Komplexität erfordert Flexibilität

Als Gegenentwurf zum industriellen Unternehmen wird im Kontext der Flexibilität gerne das Handwerk oder die Manufaktur herangezogen. In diesen Betrieben
wird in der Regel zuerst das Problem analysiert und dann die Lösung präsentiert.
Industrielle Unternehmen entwickeln oder produzieren zuerst eine Lösung und
suchen dann jemanden mit dem passenden Problem. Ein Beispiel: Wurde Anfang
des 20. Jahrhunderts ein Auto benötigt, wurde erst der Bedarf besprochen und
dann das Auto gebaut. Heute werden Autos gebaut, hingestellt, und wer ein für
seine Bedürfnisse passendes Auto gefunden hat, kann es kaufen. Wir produzieren
mittels standardisierter Prozesse ein Produkt, kreieren also eine Lösung, und ver-
suchen dann mit geschicktem Marketing diejenigen zu finden, die ein passendes
Problem haben. Oder wir generieren im Extremfall ein Problem, das die Konsu-
menten vorher noch gar nicht kannten. Wir denken also, dass eine Optimierung
der Produktionsprozesse mittels Standardisierung die Komplexität reduziert, erreichen allerdings das genaue Gegenteil. Folglich entsteht Komplexität nicht von
selbst, sondern wir erschaffen sie.

Der wirkungsvollste Mechanismus, um Komplexität und all den anderen Herausforderungen der VUCA-Welt (Volatility, Uncertainty, Complexity, Ambiguity)
entgegenzuwirken, ist unserer Meinung nach Flexibilität. Wenn wir aufgrund der

Volatilität und Unsicherheit unserer Umwelt nicht wissen, auf welche Problematik wir morgen reagieren müssen, bleibt uns nichts anderes übrig, als genau dann auf die Problematik zu reagieren, wenn sie sich uns zeigt. Aus einer Zukunftsorientierung wird eine Gegenwartsorientierung. Das funktioniert wiederum nur, wenn wir in der Lage sind, zeitnah zu reagieren. Wenn unsere Reaktion Wochen in Anspruch nimmt, wird das Problem entweder nicht mehr beherrschbar sein oder sich grundlegend verändert haben, weshalb unser bis dahin entwickelter Ansatz nicht mehr zur bestmöglichen Lösung beiträgt. Bisher haben wir uns damit zufriedengegeben, dass Serienproduktion nicht flexibel reagieren kann und fordern unter anderem langfristige Produktionsfreigaben und Absatzpläne von unseren Kunden. Wir arbeiten mit Plänen und Vorhersagen, die der Konsument aufgrund seiner abnehmenden Berechenbarkeit und Verlässlichkeit immer unwahrscheinlicher macht.

1.2.1 Die 4. Dimension der zukünftigen Serienfertigung

Konventionelle Produktionsverfahren wie beispielsweise der Kunststoffspritzguss sind nicht in der Lage, diese Dynamik abzubilden. Die Erstellung eines Spritzgusswerkzeuges dauert je nach Auslegung von Wochen bis zu Monaten. Selbst kleinere Änderungen dauern oft Tage. Eine additive Fertigung, die zu einem deutlich höheren Anteil digital und nicht physisch stattfindet, kann schneller und flexibler reagieren.

Wir hatten bei einem unserer additiv gefertigten Serienbauteile den Fall, dass unser Kunde aufgrund von strategischen Veränderungen in der Lieferkette einen Chip mit einer neuen Geometrie integrieren musste. Folglich entsteht eine Bauteiländerung bei einem Produkt, das bereits in Serie produziert und verkauft wurde. Hätte es sich hierbei um ein Kunststoffspritzgussbauteil gehandelt, hätten die Anpassungen vier Wochen (inklusive der notwendigen Bemusterung) gedauert und eine Investition von circa 5000 € erfordert. Durch die additive Fertigung konnten wir die Anpassung innerhalb von Stunden für geringe Kosten durchführen – wohlgemerkt im Serienprozess – und die abgeänderten Bauteile am folgenden Tag liefern. Mehr Flexibilität geht nicht.

Der aufmerksame Leser vermutet vielleicht, wenn wir in den vergangenen 100 Jahren auf Kosten der Flexibilität immer mehr standardisiert haben, müsste eine durch IAM wieder gesteigerte Flexibilität zwangsläufig zulasten der drei Dimensionen Qualität, Kosten und Zeit gehen. Das ist (leider) die weit verbreitete Meinung zur additiven Fertigung und das wäre uns auch zu wenig gewesen, um darüber zu schreiben. Wie setzen sich neue Technologien normalerweise durch?

Um eine bestehende Technologie zu ersetzen, muss die neue Technologie mindestens das können, was die alte Technologie konnte – und noch ein bisschen mehr. Ein Smartphone, das nicht telefonieren kann, hätte zu Beginn niemals Mobiltelefone verdrängen können, auch wenn der Telefonfunktion heute, fast 20 Jahre später, nur noch eine geringe Bedeutung zugesprochen wird. Was wäre also, wenn eine Technologie sowohl Qualität, Kosten und Zeit optimieren kann und zusätzlich die Möglichkeit für mehr Flexibilität bietet? Das ist disruptiv – und der große Nutzen von IAM, indem sie Flexibilität als vierte Dimension in der Serienproduktion ermöglicht.

Das ist ein großes Versprechen, das aus einer Industrie kommt, die sich in den vergangenen Jahren mit viel zu großen Versprechungen hervorgetan hat. Wie immer teils selbst verschuldet, teils unschuldig. Die 3D-Druck-Industrie hat sich mindestens im Zeitraum 2012–2022 als Heilsbringer positioniert und behauptet, für jedes Problem die Lösung zu sein. Wir zählen aktuell ca. 600 Maschinenhersteller, davon ungefähr die Hälfte metallisch und polymerbasiert. Gefühlt hat jeder Case eine eigene Maschine, die dafür entwickelt wurde. Das kann nicht funktionieren und hat auch nicht funktioniert. Die daraus entstandenen Zweifel, insbesondere mit der stetig steigenden Industrialisierung der Verfahren und Prozesse, waren und sind unvermeidbar. Die Fallhöhe zwischen Heilsbringer und „doch nur ein Mensch bzw. eine Maschine" war zu groß. Das ist der Teil, den die Branche selbst zu verantworten hat. Die Konsequenzen wurden in den schwierigen Finanzierungsrunden und Insolvenzen in den Jahren 2023/24 deutlich sichtbar. Das ist aber auch ein natürlicher Prozess. Zum Vergleich: In der Kunststoffindustrie gibt es heute nicht mehr als 20 relevante Maschinenhersteller weltweit. Zu Beginn, vor 70 Jahren, waren dies deutlich mehr.

Was die Branche nicht zu verantworten hat, ist der Fakt, dass viele Menschen in der Industrie auch und ganz besonders in den Entwicklungsabteilungen die Technologie scheitern sehen wollen. Das hat mit persönlichen Ängsten und der mangelnden Bereitschaft zu Veränderung zu tun. Warum soll man etwas ändern, das bisher funktioniert hat? „Machiavelli schreibt. Jeder Neuerer hat alle die zu Feinden, die von der alten Ordnung Vorteile hatten, und er hat an denen nur laue Verteidiger, die sich von der neuen Ordnung Vorteile erhoffen. Daher kommt es, daß die Feinde der neuen Ordnung diese bei jeder Gelegenheit mit aller Leidenschaft angreifen und die anderen sie nur schwach verteidigen" Kommt Ihnen das in Ihrem Kontext in Bezug auf 3D-Druck bekannt vor?

Wir sind lange genug in dieser Branche unterwegs, um mehrmals gezielte Sabotage erlebt zu haben. Der Klassiker ist, der additiven Fertigung eine unmögliche Aufgabenstellung zu geben, die sonst kein anderes Produktionsverfahren auch nur annähernd bewältigen kann. Verstärkt wird dies durch die Erwartungshaltung, dass es auf Anhieb funktionieren muss. Das Scheitern ist die logische Konsequenz und ein „Ich hab' doch gewusst, dass das nichts taugt" die übliche Reaktion. Viele Entscheider lassen sich so von ihren vermeintlich innovativen Entwicklungsabteilungen an der Nase herumführen. Das ist leider nur menschlich. In Süddeutschland sagt man dazu: „Was der Bauer nicht kennt, frisst er nicht." In einer solchen Unternehmenskultur kann eine neue Technologie nicht reifen, weil niemand die Bereitschaft und Geduld hat, sie zu pflegen. Das liegt außerhalb des Verantwortungsbereichs der Branche der additiven Fertigung. Hier kann nur jedes Unternehmen selbst die Grundlage für Veränderung legen.

Zurück zum Versprechen: Wir hatten gesagt, dass die additive Fertigung über die Flexibilität eine neue Dimension in der Serienfertigung ermöglicht, ohne dass dies zulasten der anderen Dimensionen Qualität, Kosten und Zeit geht. Dies ist ein Buch von Praktikern für Praktiker. Wir machen deshalb keine Versprechungen, die wir nicht selbst erlebt, in manchen Konstellationen sogar selbst erzeugt und umgesetzt haben. Bevor wir die Facetten der Flexibilität beschreiben, die durch die additive Fertigung ermöglicht werden, widmen wir uns zunächst den anderen drei Dimensionen. Wir zeigen im technischen, polymerbasierten Kontext, dass in einem industriellen additiven Fertigungsverfahren die Flexibilität eben nicht zu Lasten von Qualität, Kosten und Zeit gehen muss.

1.3   Flexibilität und das „magische Dreieck"

1.3.1   Qualität

Polymerbasierte Verfahren, insbesondere das Hot-Lithographie-Verfahren, eine besondere Form des SLA-Verfahrens (engl. Stereo Lithography Apparatus), ermöglichen Materialeigenschaften, die den bisher in der Industrie eingesetzten Kunststoffen gegenüber gleichwertig sind. Druckverfahren mit Filamenten (FDM), für Neulinge bezeichnen wir diese Verfahren mit allem gebührenden Respekt als „Heißklebepistole", können sogar technische Originalmaterialien wie PA 6.6 direkt verarbeiten. Viele Pulverbettverfahren (SLS) ermöglichen dies ebenfalls. Bei beiden Verfahren wissen die Experten, dass dies zwar die Originalmaterialien sind, aber die verfahrensbedingte Physik der SLS- und FDM-Prozesse, gegenüber dem Kunststoffspritzguss, keine 1:1-Übertragung bestehender Produkte ermöglicht. Nachteilig ist, dass es oft einer Nachbearbeitung der gedruckten Bauteile bedarf, um Oberflächengüte und Maßhaltigkeit zu gewährleisten.

Harzbasierte Verfahren (SLA) schaffen beides in großartiger Qualität oft ohne Nachbearbeitung. Sie tun sich allerdings, abgesehen vom Hot-Lithographie-Verfahren, bezüglich der Materialeigenschaften im technischen Kontext etwas schwerer. Für mehr Details zu den verschiedenen Verfahren empfehlen wir gerne das Buch 3D-Druck Profi-Wissen von Johannes Lutz und Prof. Haag (Lutz und Haag, 2019).

Zusammenfassend können wir sagen, dass nicht alle, aber einige Verfahren dazu in der Lage sind, im technischen Kontext die Qualitätsanforderungen zu erfüllen. Es gibt Tendenzen, dass diese aufgrund der Dynamik in der Material- und Maschinenentwicklung in Zukunft übertroffen werden können. Wir wollen allerdings keine Luftschlösser bauen, sondern uns darauf konzentrieren, was heute schon vorhanden ist – und das ist Gleichwertigkeit in Bezug auf die Bauteilqualität.

1.3.2 Kosten

Leider hat sich landläufig der Eindruck festgesetzt, dass die additive Fertigung zu teuer ist. Daran erkennen wir sofort den notorischen Zweifler, der oben beschrieben wurde. In der direkten Gegenüberstellung eines im Kunststoffspritzguss gefertigten Bauteils gegen ein additiv gefertigtes ist selbstverständlich das Spritzgussteil günstiger. Additiv gefertigte Centartikel sind nach unserer Kenntnis heute noch nicht möglich. Wer an dieser Stelle aufhört zu denken, verpasst das Beste.

Wer sich die Prozesskosten und den Nutzen anschaut, statt sich auf die Stückkosten zu beschränken, erkennt das Potenzial. Dabei möchten wir nicht den Kunststoffspritzguss für tot erklären. Der Autor dieses Kapitels ist Geschäftsführer eines Unternehmens mit 100 Spritzgussmaschinen und macht sich um die Zukunftsfähigkeit des Verfahrens nicht die geringsten Sorgen. Es ist allerdings auch ein Verfahren der alten Welt, dessen Vorteil auf den drei Dimensionen in Verbindung mit großen Stückzahlen liegt. Der Unterschied wird am einfachsten anhand des Spritzgusswerkzeugs deutlich. Wie oft scheitern tolle Produkte, vermutlich auch in Ihrem Unternehmen, daran, dass die initialen Kosten, in unserem Beispiel für ein Spritzgusswerkzeug, zu hoch sind? Wir haben mit einem der größten deutschen Unternehmen den Proof of Concept für ein elektrotechnisches Gehäuse, das im additiven Verfahren einen Kostenvorteil bis zu einer Stückzahl von 10.000 pro Jahr ermöglicht. Das ist ein Wort. Wir haben den Proof of Market (gedruckt und verkauft) für eine Jahresstückzahl von 5000 aufgrund des Kostenvorteils und der vergleichbaren Qualität. Die additive Fertigung hat somit nicht nur bei Losgröße 1 einen Kostenvorteil, sondern auch bei größeren Serien.

Unserer Erfahrung nach liegt der Break-even, je nach Komplexität des Bauteils und damit des Werkzeugs, aktuell bei Stückzahlen kleiner 10.000 Stück pro Jahr. Diese Zahl wird sich in Zukunft, u. a. aufgrund sinkender Materialpreise, bedingt durch eine steigende Verbreitung und somit größere Materialabnahmemengen, weiter erhöhen. Überlegen Sie nur einmal, wie viele Artikel Sie schon heute in Ihrem Portfolio haben, von denen Sie weniger als 10.000 Stück pro Jahr verkaufen. Das Potenzial ist riesig.

Die für diese Produktgruppen eingesetzten Verfahren sind oft aus der Not heraus entstanden, weil die initialen Kosten für effiziente Produktionstechnologien wie dem Spritzguss zu hoch sind. So werden Bauteile mit geringen Stückzahlen oft aus Kunststoffblöcken herausgefräst (subtraktives Verfahren). Hier ist zwar das Material günstiger im Vergleich zu IAM, der gesamte Prozess erfordert allerdings so hohe Kosten, dass immer mehr dieser Produkte additiv hergestellt werden. Wenn in diesen Konstellationen auch noch Nachhaltigkeitskosten berücksichtigt würden, fiele der Vergleich noch deutlicher pro additiv aus. Wichtigste Erkenntnis an dieser Stelle ist, dass die additive Fertigung nicht pauschal als teurer angesehen werden kann, sondern es zahlreiche Konstellationen gibt, in denen der 3D-Druck günstiger sein kann oder ist. Wir müssen nur danach Ausschau halten, dann können wir diese Potentiale sehen.

1.3.3   Zeit

Im Falle der additiven Fertigung liegen die Effekte von Kosten und Zeit nah beieinander. Wenn kein Spritzgusswerkzeug über 8–16 Wochen gebaut werden muss, ist die Zeit zwischen Zeichnung und produziertem Bauteil um ein Vielfaches kürzer. Wenn die Bauteilkonstruktion steht, ist es eher eine Frage von Stunden, ggf. Tagen, bis wir das produzierte Teil in den Händen halten, im Gegensatz zu Wochen und Monaten. Das gilt auch, wenn zukünftig das Bauteil geändert werden muss, z. B. weil sich die Einbausituation oder die Rahmenbedingungen geändert haben. Der Schnelligkeitsvorteil gilt für den regulären Serienprozess. Wenn die Spritzgussmaschine nicht erst aufwendig abgerüstet und mit dem neuen Werkzeug gerüstet wird, wenn der Kunde bestellt und wir stattdessen, vereinfacht gesagt, nur auf Drucken drücken müssen – dann entsteht eine noch nie dagewesene Bedarfsorientierung und Geschwindigkeit. Allerdings darf nicht außer Acht gelassen werden, dass der gesamte Produktionsprozess selbst im Additiven meist länger ist. Hierzu zählt auch der oft unterschätzte Postprozess. Während wir in Bezug auf die Kosten, bei einem entsprechenden Kontext, einen deutlichen Vorteil der additiven Fertigung in bestimmten Konstellationen sehen, ist es beim Faktor Zeit zweischneidig. Zum einen ist die Zeit, bis wir das erste Teil in den Händen halten, kürzer, zum anderen ist die reine Produktionszeit eines Bauteils in der Regel länger. Bei kleineren und mittleren Serienstückzahlen überwiegen die Vorteile der kürzeren Gesamtzeit bis zum fertigen Produkt bei Weitem.

IAM kann konventionelle Verfahren wie den Kunststoffspritzguss niemals vollständig, sondern nur zum Teil in der Serienproduktion ersetzen. Das geht nur dann, wenn die drei zentralen Faktoren der Serienfertigung Qualität, Kosten und Zeit in der additiven Fertigung wettbewerbsfähig sind. Dass dies bereits heute in unserem Netzwerk und von uns selbst so umgesetzt wird, zeigen die vorangegangenen Ausführungen. Den Kontext, in dem selbst bei ausschließlicher Betrachtung dieser drei grundlegenden Faktoren die industrielle additive Fertigung den bestehenden Fertigungsverfahren überlegen ist, gibt es also bereits. Wer ihn noch nicht sieht, dem können unsere Ausführungen im weiteren Verlauf dabei helfen. Andere sehen diesen Kontext in ihren Unternehmungen und fertigen bereits.

Wichtig ist, dass Großserienverfahren wie der Kunststoffspritzguss heute (und unserer Meinung nach auch noch in 20 Jahren) ihre Daseinsberechtigung nicht verlieren. Insbesondere bei sehr großen Stückzahlen bleiben sie bis auf Weiteres unschlagbar. Sie haben allerdings auch die bereits angeführten Schwächen, insbesondere beim Faktor Flexibilität. Sie können auf kurzfristige Änderungen in der Nachfrage nur schwer reagieren. Oft sind die daraus entstehenden Produkte auf mehrere Jahre kalkuliert. Für Nachfolgegenerationen dieser Bauteile werden tendenziell neue Fertigungskonzepte entwickelt. Das alles ist träge und kostet vor allem viel Geld. Hier bietet IAM neue Potenziale.

1.4 Flexibilität entsteht durch noch nie dagewesene Freiheiten

Durch Standardisierung erreichen wir eine Vereinheitlichung von Produkten und deren Herstellungsprozessen. Dem entgegen steht die Individualisierung. Ein Trend, der nicht erst in den letzten Jahren entstanden ist, sondern mindestens in die 1990er-, teilweise sogar schon in die 1960er-Jahre zurückreicht. Vielleicht ist es sogar so, dass wir schon seit Anbeginn der Menschheit nach Individualisierung streben. Das zu erörtern überlassen wir aber gerne philosophischer Literatur.

Wichtig für uns ist die Erkenntnis, dass die Bedeutung von Individualisierung in unserer Gesellschaft immer mehr zunimmt. Nicht ohne Grund definiert das Zukunftsinstitut (www.zukunftsinstitut.de) die Individualisierung als einen der 12

Megatrends, also einen der größten Treiber des Wandels in Wirtschaft und Gesellschaft unserer Zeit. Der Treiber, so das Zukunftsinstitut, liege in der Zunahme persönlicher Wahlfreiheiten und individueller Selbstbestimmung. In der Konsequenz wird von Produktions- und Dienstleistungsunternehmen verlangt, eine Lösung für Mass Customization bzw. Hyperpersonalisierung zu finden. Das bedeutet, trotz kostengünstiger Massenproduktion eine Form der Individualisierung anzubieten. Zentral sind Produkte, die sich in irgendeiner Weise auf den eigenen Körper beziehen. Ein Beispiel ist der Helm von Footballspielern, der nach außen ein Massenprodukt ist, allerdings durch individualisierte Polsterungen einen höheren Schutz und Komfort bietet.

Aufgrund des höchsten Grads der Individualisierung, ein Produkt für eine Person, spricht man von Losgröße 1. Der Prozess zur Herstellung der individualisierten Polsterung, der bei der Firma Oechsler erfolgt – einem der Pioniere im Bereich der additiven Serienfertigung – erfordert ein Höchstmaß an Flexibilität. Das meint man zumindest, wenn man an konventionelle Fertigungsverfahren denkt. Für die 3D-Drucker bei Oechsler ist es allerdings unerheblich, welche Kopfform der Spieler hat. Sie bekommen einen Datensatz, designen ihren Druckjob und drucken, was von ihnen verlangt wird. Der nachgelagerte Prozess ist hochgradig standardisiert, daran ändert auch eine individuelle Kopfform nichts. Da die Polster zum gleichen Helmhersteller gehen, muss nicht einmal der Versand individuell erfolgen. In der industriellen additiven Fertigung wird nur dort Flexibilität eingesetzt, wo sie gebraucht wird. Überall sonst wird bestmöglich standardisiert. Das ist auch unserer Meinung nach der Grund, warum sich 3D-Druck-Dienstleister mit den Anforderungen der Industrie aktuell noch so schwertun. Ihr Geschäftsmodell basiert auf Individualisierung und Flexibilität. Das erzeugt Enttäuschungen bei Unternehmen, die additive Bauteile gerne in ihren Fertigungsprozess integrieren wollen. Industrieunternehmen wie wir haben Standardisierung im Blut, sie ist Teil unserer DNA. Das Streben nach Standardisierung muss man verstanden und gelernt haben, sonst führt einen die Möglichkeit der Flexibilisierung, welche die additive Fertigung bietet, in Ineffizienzen, die der Konsument am Ende nicht akzeptieren und bezahlen wird.

Neben der adäquaten Reaktion auf Kundenbedürfnisse durch Mass Customization bietet IAM noch weitere Flexibilisierungsvorteile, die in erster Linie den innerindustriellen Kontext (B2B) revolutionieren werden.

Wer sich näher mit additiver Fertigung beschäftigt, wird vermutlich den wohl bekanntesten Vorteil kennen: Designfreiheit (Freedom of Design). Dies bedeutet, dass nicht mehr das Produktionsverfahren vorgibt, wie ein Produkt aussieht und funktioniert, sondern dass Anforderungen an das Produkt das Design bestimmen.

Entwicklungsfreiheit und Nachfrageorientierung sind zwei weitere Vorteile, die es der Produktion ermöglichen, den zentralen Herausforderungen der VUCA-Welt gerecht zu werden.

1.5 Zentralen Herausforderungen der VUCA-Welt begegnen

1.5.1 Designfreiheit

Vereinfacht ausgedrückt können additive Fertigungsverfahren alles so herstellen, wie man es aus Knete formen kann. Ob das immer sinnvoll ist, weil es in der Extremform den Einsatz von komplizierten Stützstrukturen erfordert, steht auf einem anderen Blatt. Wichtiger ist, dass es entsprechend der Funktion produziert wird, welche beim Bauteildesign im Mittelpunkt steht.

Wenn wir im Kunststoffspritzguss eine Anfrage bekommen, führen wir als Erstes eine Herstellbarkeitsanalyse durch. Dieser Analyse wird dann das Produktdesign untergeordnet. Das bedeutet, das Produktdesign ist nicht so, wie es sein soll, sondern wie es produziert werden kann. Selbstverständlich werden auch Anfragen an additive Bauteile zunächst einer Herstellbarkeitsanalyse unterzogen. Dabei stellt sich allerdings viel eher die Frage nach der Orientierung des Aufbaus (eine Ausnahme stellt Selective Laser Sintering, kurz SLS, dar). Einschränkungen in Bezug auf die Geometrie sind nur selten notwendig und dienen letztendlich mehr der Optimierung.

Die sprichwörtliche Champions League in der Bauteilgeometrie ist die Funktionsintegration. Konventionell folgt auf die Produktion von Einzelbauteilen meist ein mehr oder weniger aufwendiger Montageprozess. Richtig konzipiert, kann dies im additiven Verfahren bereits einstufig erfolgen. Ein Beispiel ist die Trillerpfeife, die geschlossen gefertigt wird und bereits die Kugel enthält. Eines unserer Lieblingsbeispiele aus den Produkten, die bei uns in Serie produziert werden, ist der Verteiler von Produktionsmedien wie Wasser oder Luft, aber auch organischen Medien wie menschlichem Blut. Solche Verteiler werden aufwendig in Einzelteilen produziert und anschließend montiert. Additiv geht dies schneller und günstiger, bei gleicher Qualität und individualisiert – beispielsweise mit einer wechselnden Beschriftung.

Dies erfordert in letzter Konsequenz ein Umdenken in den Entwicklungsabteilungen. Bisher wird ganz automatisch im Produktionsverfahren gedacht, denn es ist sinnlos, etwas zu entwickeln, was nicht produzierbar und vor allem nicht reproduzierbar ist. Leider werden dadurch viele gute Ideen im Keim erstickt.

Das bringt uns zu den generellen Vorteilen in der Entwicklung von Bauteilen durch das Nutzen der additiven Fertigung.

1.5.2 Entwicklungsfreiheit

Wer an Entwicklungsabteilungen denkt, hat vermutlich sofort Begriffe wie Kreativität und individuelle Freiheit im Kopf. Wer Entwicklungsabteilungen in Industrieunternehmen kennt, weiß, dass diese Freiheit sehr früh der Wirtschaftlichkeit untergeordnet wird. Nicht weil die Kaufmänner und -frauen dieser Welt ihren Ingenieurskollegen und -kolleginnen negativ gesonnen sind, sondern weil es die Ökonomie erfordert. Entwicklungsabteilungen müssen sich folglich sehr früh auf eine Spezifikation festlegen. Sollte sich später herausstellen, dass dieses Design nicht optimal war, wird trotzdem durchgezogen, es sei denn, die Funktionsfähigkeit ist nicht mehr gewährleistet. Dann müssen Werkzeuge neu gebaut werden, und der Schaden liegt schnell bei mehreren 100.000 Euro. Es gibt nichts, was die Autoren diesbezüglich nicht schon erlebt hätten.

Um das bestmöglich zu vermeiden, werden vermehrt Prototypen eingesetzt. Ein Trend, der der 3D-Druck-Industrie zu großem Wachstum und einem ersten Einstieg in das industrielle Umfeld verholfen hat. Hinderlich ist, dass diese Prototypen aufgrund der zum Endprodukt abweichenden Materialeigenschaften und Fertigungsprozesse mehr Anschauungsmaterial als echte Testobjekte sind. Insbesondere bei technischen Produkten ist die fehlende Aussagefähigkeit zur Belastbarkeit problematisch. In der Konsequenz entscheidet dann doch das tatsächliche Fertigungsverfahren sehr früh im Entwicklungsprozess über die finale Auslegung des Bauteils. Was wäre, wenn das flexible und schnelle Verfahren zur Herstellung von Prototypen auch dafür geeignet ist, die Endproduktion zu übernehmen? Je nach Verfahrensart ist das bis zu Stückzahlen von 10.000 pro Jahr bereits heute nachweislich möglich. Was verändert sich somit in den Entwicklungsabteilungen? Die Geschwindigkeit ist die Low-hanging-fruit-Antwort. Wenn wir direkt vom Prototyp auf Serien wechseln können, ohne neue Verfahren zu validieren oder dafür notwendige Werkzeuge herstellen zu müssen, können wir morgen das an Kunden verkaufen, was wir heute entwickelt haben. Das ist selbstverständlich eine überspitzte Darstellung. Die mindestens genauso große Veränderung wird sein, dass wir nicht mehr nur ein Bauteil fertig entwickeln. In Konstellationen, in denen die additive Fertigung sowohl die Prototypen als auch die Endprodukte produziert, erleben wir bereits heute, dass drei bis fünf Varianten parallel entwickelt werden. Am Ende schafft es die effektivste in die Serie, zu geringeren Kosten gegenüber dem konventionellen Vorgehen, mit wechselnden

Produktionsverfahren und einer zwangsweise viel zu frühen Entscheidung über die Auslegung.

Das Ergebnis ist so einfach wie klar: bessere Produkte.

1.5.3   Nachfrageorientierung

Ganz ehrlich: Wie viele gute Ideen sterben jeden Tag in Ihrem Unternehmen, weil heute nicht mit Sicherheit gesagt werden kann, ob sich das Produkt morgen auch gut verkaufen wird? Diese Ineffektivität schmerzt uns zutiefst. Sie schmerzt auch die Entwicklungsingenieure und -designer, die häufig ihren Beruf mit dem Ziel angetreten haben, die Welt zu verändern und sich stattdessen dem Diktat der (Serien-) Produktionsverfahren unterwerfen mussten. Wenn wir Innovation aus Richtung der Herstellung und nicht aus der Nutzenstiftung heraus denken, bekommen wir Produkte, die wir nicht brauchen und für die wir erst mittels aufwendigen Marketings einen Bedarf generieren müssen. Leser aus der Start-up-Szene werden verwundert fragen „Was, sowas gibt es?". Vertreter der Industrie, die ihren Job nicht erst seit gestern machen, werden sich mit einem zustimmenden Nicken begnügen.

Bevor wir auf die Orientierung an den Kundenbedürfnissen zurückkommen, gestatten Sie uns zuerst noch ein paar Worte zur Orientierung am Kundenbedarf. Was ist das gängige Mittel, um auf schwankende Bedarfe der Kunden zu reagieren und trotzdem die Vorteile der Standardisierung zu nutzen? Richtig: Wir bauen immer größere Lager- und Logistikzentren. Früher hat man hier noch von gebundenem Kapital gesprochen. Just-in-Time-Lieferung war der entsprechende Gegentrend, der in den 1980er-Jahren durch die Lean-Konzepte von Toyota geprägt wurde. Just-in-Time funktioniert allerdings nur, wenn auch eine Verlässlichkeit bei der Abnahme besteht. Spätestens seit der Coronapandemie wissen wir um die Notwendigkeit von flexiblen Lieferketten. Aufbau von Lagerbeständen ist ein Ergebnis daraus, aber ein sehr teures. Grund sind die häufig hohen Rüstkosten bei Produktwechseln in der Fertigung. Für die industrielle additive Fertigung ist es jedoch unerheblich, ob ein Würfel, ein Zylinder oder eine Pyramide produziert werden soll. Sie produziert ohne Umrüsten das, was gefordert wird. Wenn es sein muss, auch alles in einem Druckjob. Wozu also etwas physisch auf Lager legen, wenn es doch auch digital gelagert und einfach produziert werden kann, wenn es gebraucht wird?

Wenn durch IAM die Produktion weg von der Bedarfsorientierung hin zur Bedürfnisorientierung gedacht werden kann, bedeutet das, dass die Nachfrage angetestet werden kann. Statt aufwendiger Marktanalysen und Befragungen, die im

B2B-Umfeld ohnehin nur schwierig umsetzbar sind, wird produziert und damit Tatsachen geschaffen. Liegen die Produktentwickler richtig, wird mehr produziert. Das Produktionsverfahren muss nicht gewechselt werden, da es bereits zu den Herstellungskosten eines additiven Verfahrens platziert wurde. Liegen sie falsch, ist dies zu vertretbaren Kosten geschehen. Trial and Error für Profis. Alles nur Theorie? Mitnichten. Wir produzieren additiv einen elektrotechnischen und smarten Industriestecker, der von allen drei Aspekten der Flexibilität durch IAM profitiert. Erstens Designfreiheit: Das Bauteil, bestehend aus 13 gedruckten Komponenten, wäre aufgrund des aktuellen Designs so niemals im Kunststoffspritzguss herstellbar gewesen, da es Hinterschnitte sowie andere K.-o.-Kriterien mit sich brachte. Zweitens Entwicklungsfreiheit: Das Bauteil wurde parallel in unterschiedlichen Geometrien entwickelt und musste sogar vor Produktionsstart maßgeblich geändert werden. Drittens Nachfrageorientierung: Ob diese Art des smarten Steckers überhaupt von der Industrie benötigt wird, wird die Zukunft zeigen. Flexibilität auf höchstem Niveau. Eine Flexibilität, die nur die industrielle additive Fertigung ermöglicht.

1.6   Effizienzen aus der LEAN-Perspektive

1.6.1   Kaizen

Der kontinuierliche Verbesserungsprozess kann mithilfe der additiven Fertigung neue Sphären erreichen. Das Grundprinzip wurde bereits im Abschnitt Entwicklungsfreiheit erläutert. Aufgrund geringerer Kosten bei der Produktion kleinerer Stückzahlen muss der Design Freeze erst viel später erfolgen, und wir können das Produkt, den Produktionsprozess und die ganze Baugruppe kontinuierlich weiterentwickeln. In konventionellen Fertigungsverfahren kann nach dem Design Freeze im CAD, der Werkzeugproduktion und spätestens nach Festlegung der Produktionsparameter am Bauteil nur im allergrößten Notfall etwas geändert werden. Verbesserungen fließen dann erst in die nächste Bauteilgeneration ein. Dann ist es meist zu spät, denn die neuen technologischen Anforderungen an die nächste Generation führen wieder zu neuen Verbesserungspotenzialen am Bauteil, die wieder nicht gelöst werden können. Zwar kann auch ein flexibles Produktionsverfahren wie die additive Fertigung nach dem Design Freeze nicht mehr zu wesentlichen Bauteiloptimierung beitragen, doch sind die Möglichkeiten der Verbesserung vor dem Freeze länger und mit deutlich mehr Varianten möglich. Dadurch erhalten wir effektivere und effizientere Produkte.

Dazu kommen die kontinuierlichen Verbesserungen, die in jedem Unternehmen notwendig sind, um die aktuelle Marktposition zu verteidigen oder eine bessere zu erlangen. Es kann mehr realisiert werden, weil der 3D-Druck eine deutlich schnellere Umsetzung ermöglicht. Das reicht von spezifischen Messvorrichtungen, über Poka-Yoke-Anschlüsse für Medienverteiler bis hin zu kleineren Montageerleichterungen (Jigs & Fixtures). Mithilfe dieser Maßnahmen lassen sich die Qualitätskontrolle verbessern, Fehlervermeidung erleichtern oder Zykluszeiten reduzieren. Nicht zu vergessen: Die Mitarbeiter erfahren durch eine schnelle 3D-Druck-basierte Umsetzung ihrer Ideen – anstatt langwieriger ROI-Rechtfertigungen – einen deutlichen Motivationsschub.

1.6.2 Pull-Prinzip

Ersatzteile und deren Bevorratung sind nicht nur in Produktionsunternehmen ein großes Thema. Die Deutsche Bahn hat das Ziel vorgegeben, dass bis 2030 mindestens 10 % der Ersatzteile additiv gefertigt werden können. Das spart gebundenes Kapital in Höhe von circa 100 Mio. € ein. Die Deutsche Marine setzt 3D-Drucker im großen Stil auf ihren Kriegsschiffen ein. Ersatzteile können dort aus Platzgründen nur begrenzt bevorratet werden, was zur Konsequenz hatte, dass die benötigten Ersatzteile eingeflogen werden mussten – was nicht nur kostspielig, sondern im Falle von Kampfhandlungen ein zusätzlicher strategischer Nachteil ist. Im Vergleich hierzu sind die 3D-Drucker kostengünstig und platzsparend auf den Schiffen unterzubringen und liefern das benötigte Ersatzteil ohne aufwendige Logistikprozesse.

Die Gerhard Schubert GmbH baut große Verpackungsmaschinen für unterschiedlichste Anwendungen, die weltweit im Einsatz sind. Sollten Ersatzteile durch Beschädigungen oder Verschleiß gebraucht werden, wurden in der Vergangenheit Mechaniker mitsamt den Ersatzteilen eingeflogen, um die Reparaturen vorzunehmen. Für weniger Stillstandszeiten bei geringeren Kosten wurde ein eigener 3D-Drucker entwickelt (die Schubert-Partbox) und in die Linie integriert. Der Drucker ist in der Lage, mittels Auswahlmenü alle relevanten Ersatzteile direkt dort zu drucken, wo sie gebraucht werden, nämlich an der Verpackungsmaschine selbst. Der Einbau erfolgt entweder durch die Mechaniker vor Ort oder über Fernwartung – ein echter Wettbewerbsvorteil.

1.6.3 Muda

Wie der Name schon sagt, ist die additive Fertigung ein additives Verfahren. Das Fräsen von Metall- oder Kunststoffbauteilen ist ein subtraktives Verfahren. Das additive Verfahren platziert nur dort Material, wo es gebraucht wird. Die Geometrie von Spritzgussbauteilen ist oft abhängig vom letzten Punkt, zu dem das Material fließen muss. Ein berühmtes Beispiel ist der Lego-Stein. Viele denken, dass die Röhren an der Unterseite dazu dienen die Klemmkraft zu erhöhen, also aus funktionellen Gründen existieren. Der ursprüngliche Grund war, dass der Fließweg des Kunststoffs so gelenkt werden musste, dass die rechteckige äußere Form nicht zuletzt gefüllt wird, um dort nicht gewollte Schwachstellen zu vermeiden. Die Röhren an der Unterseite dienen somit primär der Optimierung des Materialflusses und der Abkühlung des Bauteils. Ein additiv gefertigter Lego-Stein bräuchte die Röhren aus Produktionsgründen nicht und hätte somit eine viel größere Materialeffizienz (auch wenn man sich einen Lego-Stein ohne diese Röhren nur schwer vorstellen kann).

1.6.4 Green Lean

Denken wir Muda noch ein Stück weiter, landen wir beim Green-Lean-Ansatz. Bei Green Lean werden die schlanke Produktion und Ressourceneffizienz mit dem Nachhaltigkeitsgedanken kombiniert. Je geringer die Verschwendung, desto weniger Ressourcen werden benötigt, was unter anderem die CO_2-Bilanz des Bauteils verbessert. Die dezentrale Produktion der Marine oder die Logistikeffizienz durch die Partbox sind nur zwei von vielen Beispielen, welche die Umweltbelastungen reduzieren. Hinzu kommt, dass ein Kunststoff-3D-Drucker einen deutlich geringeren Energieverbrauch hat, als beispielsweise eine Spritzgussmaschine. Doch bevor der Spritzguss in einem zu schlechten Licht erscheint, sei zur Vollständigkeit erwähnt, dass gerade bei höheren Stückzahlen der reine Energieverbrauch pro Bauteil in der Spritzgussproduktion deutlich geringer ist. Dem steht das Spritzgusswerkzeug entgegen, das aufwendig und mit anspruchsvollen Materialien und Produktionsmaschinen hergestellt werden muss. Der Verzicht auf ein Werkzeug ist also ein weiterer entscheidender Nachhaltigkeitsvorteil der additiven Fertigung.

Oder anders ausgedrückt: Jedes für den 3D-Druck optimierte Bauteil ist, zumindest aufgrund seiner Materialeffizienz, ebenfalls ein aus Nachhaltigkeitsgesichtspunkten optimiertes Bauteil.

1.6.5 Just in Time

Viele Vorteile der 3D-Druck-basierten Just-in-Time-Produktion haben wir bereits im Abschnitt „Nachfrageorientierung" beschrieben. Die additive Fertigung ist über den Gesamtprozess von der Idee bis zur Fertigstellung eines Produkts eines der schnellsten Produktionsverfahren. Wir können die Ideen von heute bereits morgen in den Händen halten. Das hat zur Konsequenz, dass wir auch nur dann produzieren müssen, wenn der Bedarf dazu da ist. Wozu brauchen wir dann noch ein Lager für Fertigprodukte? Statt Make to Stock produzieren wir nach Make to Order und vermeiden so Überproduktionen.

1.6.6 Continuous Flow

In der additiven Fertigung gibt es nahezu keine Wartezeiten. Ein einfaches Beispiel ist meine eigene Ersatzteilproduktion für die Anhängerkupplung eines Kindertraktors. Der Datensatz für die Kupplung des exakten Traktormodells existiert bereits online zum Download. Im Stile einer vielleicht bekannten Werbung für ein Finanzprodukt: Download des Datensatzes 10 s, Übertragung des Datensatzes auf den Drucker 60 s, Druckjob 30 min. Glückliches Kind, das wieder mit Begeisterung bei der Gartenarbeit hilft: unbezahlbar.

Im industriellen Kontext bedeutet das, kein Warten auf die Konstruktion und Erstellung des Datensatzes. Kein aufwendiges Rüsten von Maschinen im Vergleich zu CNC- oder Spritzgussmaschinen. Ein kontinuierlicher Fluss von der Idee bis zum fertigen Bauteil.

1.6.7 Digitale Prozesskontrolle

Der kontinuierliche Fluss in der Prozesskette ist auch deshalb möglich, weil in der additiven Fertigung mehr Prozessschritte digitalisiert werden können. Dazu zählt insbesondere die Qualitätskontrolle. In konventionellen Verfahren ist die Qualitätsabteilung oft das sogenannte Bottle Neck. Die Produktion muss die langwierigen Messungen abwarten, bevor sie die Prozessfreigabe bekommt. Rückverfolgbarkeit im Falle einer Reklamation ist heute Grundvoraussetzung für jeden seriösen Qualitätssicherungsprozess. Das Aufwendige daran ist, dass wir in der Serienproduktion oft Schüttware sehen, die Teile also vermischt werden und der genaue Produktionszeitpunkt, wenn überhaupt, auf eine Verpackungseinheit reduziert werden kann.

Besser wäre es, wenn jedes Bauteil einen individuellen Fingerabdruck hätte, dem sich sämtliche Produktionsparameter zuordnen lassen. Eine Personalisierung der Bauteile für die Qualitätsabteilung, nicht für den Kunden, was bei Mass Customization oft vorausgesetzt wird. Dieser Fingerabdruck ermöglicht auch Rückschlüsse auf Prozessverbesserungen oder die exakte Identifikation von anderen betroffenen Bauteilen. Wenn das Bauteil mit der Seriennummer 0815 einen Qualitätstest nicht besteht, können wir über die Zuordnung der spezifischen Produktionsparameter herausfinden, wie diese zukünftig verbessert werden können. Und gleichzeitig die Teile 0816 und 0817 identifizieren, die mit ähnlichen Parametern produziert wurden und deshalb sehr wahrscheinlich den gleichen Fehler haben. Das ist dann Mass Customization, nur anders gedacht, nämlich aus der Perspektive des Anspruchs auf 100 % qualitativ einwandfreie Produkte. Die Vermeidung von Ausschuss ist hier ein netter Nebeneffekt, den Fertigungsverantwortliche gerne mitnehmen.

1.6.8   Digitale Fertigung

Die additive Fertigung ist das einzige Großserienverfahren, das den Ansprüchen an eine digitale Serienfertigung gerecht werden kann. Hier kann alles – abgesehen von der tatsächlichen Produktion – digital erfolgen. Wobei selbst diese in Teilen digital ist. Eine digitale Information erzeugt unmittelbar ein Bauteil und ist damit direkt und ohne Umwege Teil der Produktion. Die Bauteile werden digital über CAD (Computer-Aided Design) erstellt. Anschließend bleibt der weitere Prozess mit seinen Optimierungsschleifen im digitalen Raum. Im Spritzguss würde an dieser Stelle ein zeit- und kostenintensives Spritzgusswerkzeug gebaut werden. Nach der physischen Fertigung erfolgt bei konventionellen Verfahren die physische Qualitätskontrolle, beispielsweise über taktile Messmaschinen. Im Additiven gehen wir direkt nach der Produktion zurück in den digitalen Raum, beispielsweise über eine digitale Prozesskontrolle.

Die Verlängerung des digitalen (Zeit-)Raums ist bereits Grundlage für andere erfolgreiche Geschäftsmodelle. Amazon hat das Shopping bis zu dem Punkt digitalisiert, an dem wir das Produkt auch wirklich physisch benötigen. Netflix hat den physischen Prozess des Erwerbs oder Ausleihens von DVDs komplett digitalisiert. Zusätzlich hatte diese Digitalisierung einen netten Nebeneffekt: die Skalierung in bisher unbekannte Größenordnungen. Wenn in der Produktion von Kunststoffbauteilen die Herstellung des Spritzgusswerkzeuges wegfällt, entsteht ein unvorstellbarer Raum für Skalierung. Deswegen bin ich felsenfest davon überzeugt, dass das, was E-Commerce für den Handel war, die industrielle additive Fertigung für die Produktion sein wird.

Industrielle additive Fertigung (IAM) erfolgreich einsetzen und umsetzen

2

2.1 Wie die Industrie heute mit 3D-Druck umgeht

Wir haben uns im ersten Kapitel mit der generellen Frage beschäftigt, warum IAM für die Zukunft der Fertigung so wichtig ist. Nun wollen wir auch darauf eingehen, *wie* es Ihnen gelingen kann, die Vorteile der Technologie zu nutzen und vor allem auch darüber sprechen, auf welche Herausforderungen Sie stoßen. Und was Sie definitiv nicht machen sollten.

So ist die wahrgenommene Realität durch Kommunikation der additiven Fertigungsbranche weltweit anders als die echte Realität, die sich in den Firmen abspielt. Um einen Vergleich zu bemühen: Sie lieben Bücher über Geschichten aus Indien – aber Sie waren niemals selbst vor Ort. Genauso verhält es sich mit dem 3D-Druck-„Fantasiedenkfehler". Man ist in Gedanken in den Plan verliebt, kommt jedoch nicht in die Umsetzung.

Genau an diesem Punkt befinden sich aktuell auch viele Unternehmen. Es ist ein Theoriethema, das nur sehr schwer ins Rollen kommt. Daran sind jedoch nicht nur die Betreiber selbst schuld, sondern auch die 3D-Druck-Branche, da mit einer überzogenen Kommunikation Erwartungshaltungen geweckt wurden, die im Nachgang nicht erfüllt werden konnten. Völlig unabhängig davon, ob Hersteller, Verfahren, Werkstoffe oder Prozessschritte komplett intransparent sind: Es ist sowohl für Anfänger als auch für Fortgeschrittene kaum möglich, sich einen Überblick zu verschaffen.

Zudem sind die auf Messen, in Whitepapers, Webinaren und Broschüren propagierten 3D-gedruckten Anwendungen meist Raketenteile oder „alienartige" Bauteile mit Freiformflächen und Topologieoptimierung. Das schreckt viele Anfänger ab, die die Technologie voller Euphorie nutzen wollen, da diese Art von Bauteilen bisher nicht dem entspricht, was man aus seinem eigenen Betrieb kennt. Dabei schummelt die 3D-Druck-Branche nicht, sondern lässt so manche Information, die wichtig ist, einfach weg und verschweigt einen Nachteil oder eine nicht bestehende Funktion. Ein Maschinenbauer sagte auf der Rückfahrt von der Leitmesse Formnext für 3D-Druck: „Das ist nichts für uns, denn solche Teile haben wir bei uns im Maschinenbau nicht."

Der Grund, warum die Mitglieder der Branche so kommunizieren, ist geprägt davon, der Beste und Erste sein zu wollen. So ist auch der Ansporn zu erklären, möglichst hochkomplexe Bauteile zu präsentieren, um darauf aufmerksam zu machen, was mittlerweile möglich sein kann. Sollten Sie (wie viele andere Anwender, die neu in die Branche kommen) die Sorge gehabt haben, nicht hinterherzukommen, so ist das nicht weiter tragisch. Denn die wirklichen Potenziale für die IAM liegt nicht nur in komplexen Bauteilen, sondern auch in sehr einfachen und, wie ich in der Beratung gerne sage, in den „popeligsten" Bauteilen und Alltagsanwendungen.

Während manche Unternehmen noch immer eine Excel-Liste mit Features der 3D-Drucker pflegen, um herauszufinden, welcher der beste 3D-Drucker ist, so gibt es auch Unternehmen, die intern mit einer kleinen Anzahl an Desktop-3D-Druckern die ersten Prototypen, Anschauungsobjekte oder Muster gedruckt haben. Ist dieser Schritt geschafft, stockt es meist, da für den nächsten Schritt weitere Herausforderungen wie Ängste und Unsicherheiten im Umgang damit aufgelöst werden müssen. Dies kann auch schnell und einfach gehen, wenn auf Basis der Situation, in der sich Ihr Unternehmen befindet, die Blockaden sichtbar gemacht werden und ein Weg erkennbar wird, um das gesetzte Ziel zu erreichen. Genauer gesagt liegt es nicht nur an der Technologie oder dem noch fehlenden Werkstoff, hier hat die Branche deutlich nachgelegt, sondern an internen Prozessen sowie mentalen Blockaden der Belegschaft. Diese Sorgen und Ängste sind anfangs auch normal, da wir Menschen ungern mit Situationen umgehen, die in der Zukunft ungewiss oder nicht vorhersehbar sind. Zeigt man sich dem gegenüber offen, so ist, wie im Beispiel von Dr. Alexander Starnecker im ersten Kapitel gezeigt, die IAM auch bei hoher Stückzahl und mit Proof of Concept in einem der größten deutschen Unternehmen im Elektronikgehäusebereich möglich.

2.1.1 Herausforderungen

Egal ob Digitalisierung, Industrie 4.0, 3D-Druck oder aktuell künstliche Intelligenz: Es ist gerade besser denn je sichtbar, wie schwer sich Unternehmen damit tun, eine „neue" Technologie ins Unternehmen einzuführen und langfristig zu verankern. Ein wichtiger Hinweis ist an dieser Stelle, sich von Beginn an bewusst zu werden, dass nicht jeder Schritt sofort zum Erfolg führt. Sich die schwerste 3D-Druck-Anwendung herauszusuchen und damit zu beginnen (weil man denkt, alle anderen seien ein Kinderspiel, wenn diese geschafft sei), ist zwar verlockend, aber eine Falle. Grundsätzlich gilt, Misserfolg zu vermeiden führt schneller zum Erfolg. Somit ist es besonders wichtig, auftretende Shiny Objects zu ignorieren, damit man auf dem Weg nicht abdriftet. Die 3D-Druck-Welt hat fünf Bereiche, auf die es ankommt:

- 3D-Druck-Denkweise
- Finden und Qualifizieren von Anwendungen
- Additive Konstruktion
- Materialauswahl
- Technologieauswahl

Wenn Sie also glauben, nicht mehr weiterzukommen, halten Sie es einfach und konzentrieren Sie sich auf diese fünf Bereiche, denn alle Antworten auf Ihre Herausforderungen für 3D-Druck finden sich genau hier.

Es gibt somit technische, aber auch interne Herausforderungen im Umgang mit der Belegschaft und deren geistiger Flexibilität, etwas Gewohntes aufzugeben, um dafür Fortschritt und weitere Vorteile (wie im ersten Kapitel beschrieben) genießen zu können. Denn in keinem anderen Fertigungsverfahren bekommen Sie das Auflösen von verkrusteten Denkstrukturen kostenlos zu Beginn mitgeliefert, nur weil Sie eine andere Technologie nutzen. Zudem können Sie aus Flexibilität, Leichtbau, Hinterschnitten, Materialeinsparung, höherer Steifigkeit und Festigkeit wie auch vielen weiteren Vorteilen frei auswählen, wenn Sie offen dafür sind, Ihre Denkweise darauf einzustellen.

Da die technischen Herausforderungen sehr stark von Ihrer zu fertigenden Anwendung abhängig sind, geht es zunächst um die internen mentalen Blockaden, um die Technologie in Bewegung zu setzen. (Wie das Finden von Anwendungen geht, erfahren Sie in einem späteren Kapitel.)

Es liegt immer dann eine Blockade vor, wenn …

… das Thema immer wieder im Gespräch angestoßen, jedoch nichts umgesetzt wird.
… nach Kennwerten oder Datenblättern gefragt, aber keine Entscheidung getroffen wird.
… die Anwendung nochmal mit dem Vorgesetzten besprochen werden soll.
… man glaubt, 3D-Druck könnte nicht helfen, man es aber nicht weiß und auch nicht getestet hat.

… versucht wird, das bestehende Design nur mit 3D-Druck zu kopieren.
… Interesse gezeigt wird, aber negativ über 3D-Druck gesprochen wird.
… Standardausreden an der Tagesordnung sind („Das haben wir schon immer so gemacht").

In diesem Fall müssen die Unsicherheiten der Belegschaft oder der Abteilung herausgefunden und geklärt werden, anstatt diese zu ignorieren und mit Vorteilen zu argumentieren. In meinen Vorträgen beginne ich gerne mit dem Satz: „*Dass* 3D-Druck funktioniert, wissen wir, *ob* 3D-Druck in Kombination mit Ihnen und Ihrem Unternehmen funktioniert, kommt auf Ihre Denk- und Herangehensweise an." Dass dies wirklich so ist, lässt sich an immer wieder auftretenden Situationen wie den folgenden erläutern:

• Ein Unternehmen, das im Metallbau tätig ist und bei dem das leichteste Bauteil 700 kg wiegt, kauft einen 650.000 € Metall-3D-Drucker mit zwei Lasern – um einen Trend nicht zu verpassen. Der 3D-Drucker kam jedoch nie zum Einsatz.
• Mittelständische Maschinen- und Anlagenbauer kommunizieren das Buzzword „additive Fertigung" auf ihrer Website und glauben, in Zukunft Raketenteile aus Kunststoff mit einem 370 €-Desktop-3D-Drucker zu produzieren, während ein umfunktionierter Obsttrockner zum Trocknen von Filament danebensteht (wobei sich auf der Bauplattform des Druckers eine deutlich sichtbare Staubschicht befindet).
• Dies ist leider genau so bitter wie bei einem Hidden Champion, der mit Forschungsgeldern ein internes 3D-Druck-Kompetenzcenter mit sechs unterschiedlichen 3D-Druck-Technologien finanzierte. Der Mitarbeiter des Centers kündigte jedoch nach sechs Monaten, weil jeglicher Versuch, 3D-Druck ins Unternehmen zu bringen, scheiterte. Die Ablehnung der Technologie stand auf der Tagesordnung.

Die Technologie somit reibungslos und nachhaltig ins Unternehmen zu bringen, ist kein einfaches Unterfangen – vor allem aufgrund der menschlichen Komponente.

2.1.2 Die richtige Attitude für den Erfolg

Dass man für andere und bessere Ergebnisse andere Handlungsschritte benötigt, hat schon Albert Einstein postuliert. Um andere Handlungsschritte auch vornehmen zu können, benötigen Sie eine andere Denkweise oder Einstellung. Dies ist immer abhängig von Ihrem bestehenden Wissenstand zum Thema 3D-Druck. Ohne jetzt in tiefe Gedankengebilde abzugleiten, gibt es einige wenige Beispiele (siehe Tab. 2.1), wie Sie sofort Ihren Horizont erweitern können. Dies klappt nur, wenn Sie Input von außen bekommen, da Sie nicht wissen können, was Sie nicht wissen.

Der wichtigste Grundgedanke ist dabei, das Denken in Bauklötzchen und einfachen geometrischen Primitiven frei für den Einsatz von Knetmasse zu machen. Das gewünschte Bauteil wird dann nicht nach Richtlinien der konventionellen Fertigung geformt. Stattdessen wird sein Design vollkommen frei gewählt – natürlich mit klarem Menschenverstand.

So denken Sie also *nicht* „von der Technologie zur Anwendung" (wie dies in der konventionellen Fertigung der Fall ist), sondern „von der Anwendung und deren Problem zum passenden additiven Fertigungsverfahren". Auf diese Weise bekommen Sie ein Bewusstsein für den optimalen Einsatz der additiven Fertigung.

Wird das Denken über den Einsatz und die Vorteile der Technologie nicht adaptiert, ist ein ständiger Misserfolg vorprogrammiert. Das kostet Zeit, Geld und Nerven. Es ist also viel einfacher, die eigene Überzeugung zu ändern, anstatt sich immer mehr anzustrengen, keine Fehler machen zu wollen.

Es stellt sich demnach die Frage, ob man beweisen will, dass es nicht funktioniert, um damit im Recht zu sein (was immer angenehm als Bestätigung auf das eigene Ego einzahlt). Oder ob man die eigene Handlung ändern möchte, damit das Vorhaben funktioniert.

Ein Großteil der neuen Anwender von 3D-Druck haben leider noch immer den Glaubenssatz, beweisen zu wollen, dass es nicht geht, da sonst etwas passieren

Tab. 2.1 Konventionelle vs. additive Denkweise. (Quelle: Eigene Darstellung)

Konventionelle Denkweise	Additive Denkweise
Im CAD so wenig wie möglich wegschneiden	Im CAD so viel wie nur möglich entfernen
Masse beruhigt	Masse bringt Chaos, Verzug und Kosten
Wer Kunststoff kennt, nimmt Stahl	Wer seine Anwendung nicht kennt, zahlt mehr
Sofort eine Lösung im Kopf	Bleistift, Papier und 15 min Ruhe
In Bauklötzchen denken	In Knetmasse denken
Einfach zu montieren	In Schichten wachsen lassen

könnte, das ein ungewisses Ende nach sich zieht. Auf diese/weitere Vorurteile gehen wir im nächsten Kapitel ein.

Die größten Fehler sind vor allem, wenn Shiny Objects wie Nebelkerzen verfolgt werden und Sie selbst glauben oder meinen, es besser zu wissen. Oft blicken Anwender zu sehr auf den bestehenden 3D-Druck-Fertigungsprozess – von der Idee über die Datenerstellung, Slicing, Fertigung, Nacharbeit und Qualitätskontrolle. Viel wichtiger ist, vor und nach dem Prozess Fragen zu beantworten wie „Wo gibt es Probleme und Herausforderungen, bei denen die Technologie helfen kann?" oder „Was bringt dies für Mehrwerte und Ergebnisse mit sich?"

Geblendet von Features, Materialien, Prozessparametern und Einstellungen am Drucker, verrennen sich viele Anwender tief in die Technik anstatt das Werkzeug 3D-Druck sinnvoll zu nutzen.

Kommt es also zu der Situation, dass der Kollege vor dem 3D-Drucker immer nur das nächste Material testet oder Informationen über weitere Software und Nachbearbeitungslösungen der Teile sammelt, so ist dies ein Hinweis, dass ein Großteil der Denkweise noch nicht verankert ist.

2.1.3   Umgang mit Vorurteilen

Jeder kennt die üblichen Ausreden wie, „Das haben wir schon immer so gemacht" oder „Das braucht es doch jetzt nicht auch noch" und viele mehr.

Im Schwäbischen würde sich das Vorurteil eventuell so äußern: „AWA – DES ZAMMEBÄPPTE BLASCHDICHGLOMB ISCH DOCH RUCKZUCK HEE." Deutsche Übersetzung: „Ich gebe zu bedenken, dass Lösungen aus schichtweise aufgebautem Kunststoff zum Versagen neigen."

Genau genommen ist jedes Vorurteil, das Sie zum 3D-Druck hören, eine Chance, genau diese Lücke im Kopf der Belegschaft zu schließen. Das Beispiel mit dem Wasserglas verdeutlicht es besser: Ein Glas, gefüllt mit Wasser, symbolisiert in diesem Fall die Aufnahmefähigkeit und die Überzeugung eines Menschen zum Thema 3D-Druck. Ist die Überzeugung mit vielen Vorurteilen und Erfahrungen geprägt, so lässt sich keine weitere Flüssigkeit ins Glas füllen, da es schon voll ist. Wird es dennoch getan, läuft das Glas über – und es gibt eine Überraschung.

Der Trick dabei ist, durch Erkennen dieser Vorurteile und Aussagen, die negativ oder wie eine Blockade und Widerstand auf 3D-Druck wirken, zuerst Flüssigkeit aus dem Glas zu nehmen und dann mit den richtigen Inhalten nachzufüllen.

Es geht also eher darum, eine falsche Überzeugung zu nehmen und dann eine richtige Überzeugung zu geben. Vielleicht hat der Mitarbeiter 3D-Druck bereits einmal ausprobiert, aber das Bauteil ist gebrochen oder der Kunde hat das Bauteil zurückgeschickt. Dies führte dazu, dass das Thema gleich verbrannte Erde hinterlassen hat. Aber sind wir mal ehrlich: Nur weil man einmal eine schlechte Pizza gegessen hat, heißt das noch lange nicht, dass alle Pizzabäcker schlechte Pizzen machen.

Genau genommen hat die Zurückhaltung einer Person gegenüber 3D-Druck immer einen Grund, der meist wenig mit 3D-Druck zu tun und tiefere Ursachen hat, so meine Erfahrung als Berater, der seit mehr als 10 Jahren in der Branche tätig ist. Übliche Gründe sind diese:

- Angst vor dem Risiko einer Fehlinvestition, die viel Zeit und Geld kostet
- Unwissenheit über die Technologie und deren tatsächliche Einsatzmöglichkeiten
- Mit der schwierigsten Anwendung zu beginnen und sofort auf Probleme zu stoßen
- Keine Zeit, sich wirklich mit der Anwendung und deren Problem zu beschäftigen
- Angst, sein Gesicht vor dem Kunden zu verlieren, wenn es nicht klappt (Bauteil bricht)
- Angst vor dem lautstarken „Nein" des Chefs, das er durch die Abteilung ruft
- Niemand sagt, wie es richtig geht, und meine Fragen werden nicht beantwortet
- Ich schütze mich vor Problemen, die ich nicht lösen kann oder will, weil mir Wissen fehlt

Genau diese Ängste, Sorgen und Frustrationen können in einer professionell vorbereiteten 3D-Druck-Potenzialanalyse aufgearbeitet werden, damit es danach zu einer Sogwirkung an Anwendungen und Umsetzung kommen kann.

2.2 So finden Sie 3D-Druck-Anwendungen

Da IAM wie ein Werkzeug im Vergleich eines Schraubendrehers gesehen werden kann, der viele Probleme löst, tun sich sehr viele Anwender zu Beginn schwer, das Werkzeug sinnvoll einzusetzen. Ein einfacher 3D-Drucker ist schnell gekauft, installiert und betriebsbereit, dank der heute einfachen Bedienung und Software. Danach hakt es jedoch, wenn die ersten kleinen Bauteile gedruckt sind und der 3D-Drucker zum „Steher" wird.

Das Thema schläft ein oder wird nicht mehr wie zu Beginn weiterverfolgt. Der Grund dafür ist: Es fehlt das Futter für den 3D-Drucker, nämlich die Anwendungen, die gedruckt werden müssen. Deshalb hat man das Investment schließlich getätigt. So steht die Verantwortung, die Technologie ausgiebig zu nutzen, jetzt im Konflikt mit den Erwartungen der Geschäftsleitung. Dabei weiß keiner von beiden, wie es jetzt zu schaffen ist, mehr sinnvolle Bauteile auf dem 3D-Drucker zu verarbeiten.

Zur Anschaffung des 3D-Druckers gibt es oft eine Handvoll Bauteile, die man drucken möchte und wofür es sich lohnt, die Investition zu tätigen. Sind die Teile gedruckt, wird es ruhig. Ruhig deshalb, weil man nicht mehr weiß, warum man eigentlich Teile gedruckt hat und wie diese Bauteile auf einmal als 3D-Druck-Anwendung aufgetaucht und qualifiziert worden sind.

Mag es sich zu Beginn um ein Anschauungsmuster, eine Montagehilfe oder eine Kleinserie für eine Baugruppe gehandelt haben: 3D-Druck Anwendungen lassen sich branchenübergreifend in drei Kategorien einteilen.

- Prototypen wie Anschauungsmuster, Dummy-Bauteile-Mock-ups, „Look-and-Feel"-Modelle, Vorführmodelle, Erstmuster
- Bauteile zum Test der Geometrie, Funktion oder Montagemöglichkeit mit schneller Verfügbarkeit
- Fertigungshilfsmittel wie Vorrichtungen, Halterungen, Montagehilfen, Schablonen, Funktionsteile
- 3D-gedruckte Teile, die als schnelles Hilfsmittel in einem Prozess dienen
- Endprodukte wie Bauteile für Endkunden, Kleinserienteile mit Bauteil- und Materialeigenschaften auf Niveau klassischer Fertigungsverfahren für den direkten Einbau des Bauteils in das Endprodukt

Das sind die Möglichkeiten an Bauteilen. Was jedoch mit 3D-Druck Sinn ergibt, ist abhängig von einem Faktor: dem Problem, das gelöst werden soll. Hierbei geht es nicht darum, ein bestehendes Problem, das konventionell bereits gelöst ist, noch einmal zu lösen. Es geht vielmehr darum, Probleme zu erkennen, die als emotionaler Stress, bisher jedoch nicht als Problem wahrgenommen wurden. Beispiele dazu gleich ausführlich.

Da sich die Technologie bereits seit vielen Jahren im Prototypenbau heimisch fühlt, wurden andere Anwendungen dafür kaum betrachtet oder gefunden. So wird der Bereich Fertigungshilfsmittel und Endprodukte immer interessanter. Kleinserien mit IAM zu fertigen, ist für viele Unternehmen dabei so interessant, dass alles andere ignoriert oder gleich übersprungen wird, was sehr verlockend ist, aber in eine Sackgasse führt.

Die Vergangenheit hat gezeigt, dass besonders die intern umgesetzten Fertigungshilfen als Zwischenschritt zu den Kleinserien ein wahrer Booster für den Fortschritt der Implementierung ist. Der Vorteil dabei ist, die Anwender und Nutzer der Technologie entwickeln sich in einer starken Lernkurve weiter, sparen Zeit und Geld. Zudem wird die Stärkung der Innovationskraft im Unternehmen in die Produkte hinein vorbereitet.

Wenn Sie jetzt auf der Suche nach 3D-Druck-Anwendungen im Unternehmen sind, sollten Sie die folgenden Fehler vermeiden, denn auf diese Weise werden Sie garantiert nichts finden:

- Durch das Unternehmen spazieren und nur nach Anwendungen Ausschau halten
- In den Abteilungen nachfragen, ob sie was zum 3D-Drucken haben
- Stundenlanges Part Screening im CAD und im Archiv
- 3D-Druck-Reseller fragen, die nur etwas verkaufen wollen
- Aufgeblasene Präsentationen und Workshops in anderen Abteilungen
- Featuref**king und Datenblätterstudium mit Vergleich über eine Excel-Tabelle
- Aufzählen von 100+Anwendungen, die andere schon gedruckt haben
- Mit viel Druck auf Kollegenschaft einwirken und eine 20-minütige „Self-Talk-Überzeugungsrede" durchführen, die nur noch mehr Ablehnung und Misserfolg schafft

Wenn Sie die Anwendungen finden wollen, die sinnvoll und notwendig zu drucken sind, müssen Sie ein anderes Vorgehen verfolgen. Mit der richtigen Vorgehensweise beim Finden von 3D-Druck-Anwendungen sind Ergebnisse an der Tagesordnung. Beispiele:

Das Unternehmen Neuenhauser Maschinenbau konnte zum Beispiel weitere 180 Produktanwendungen finden, die jetzt 3D-gedruckt werden. Sonotec aus Halle hat heute bereits weit über 300 Anwendungen im 3D-Druck abteilungsübergreifend gedruckt und der Spulenkörperhersteller Weisser konnte mehr als 260 Anwendungen mittels 3D-Druck umsetzen und steigt gerade in die industrielle Serienfertigung mit dem 3D-Druck für Elektronik ein.

Ergebnisse lassen sich nicht nur über die Anzahl der gefunden Anwendungen, sondern auch in Form von Zeit und Geldersparnis darstellen. So haben wir anfangs in eher unbedeutenden Abteilungen nach Anwendungen für Fertigungshilfen gesucht und erstaunliche Einsparungen – bezogen auf ein Jahr – realisieren können.

Bevor wir hier auf Ergebnisse hinweisen, ist es immer wichtig, die Anwendung zu kategorisieren, um zu verstehen, was in diesem Fall der große Mehrwert von IAM war.

Bei Prototypen geht es hauptsächlich darum, im ersten Schritt schnell und kostengünstig einen Test oder eine Bewertung durchzuführen. Da es sich um einen Prototypen handelt, muss dieser nicht (wie von vielen vermutet) additiv konstruiert, sondern kann unverändert gedruckt werden, da nach dem Prototypenstadium ein Technologiewechsel stattfindet. So geht es hauptsächlich um die Einsparung, schnell eine gute Entscheidung zu treffen, und sich vor Problemen in der Zukunft, wenn das Bauteil nach dem Technologiewechsel in Serie geht, zu schützen.

Beim Einsatz von Fertigungshilfen kann die additive Konstruktion mit Gewichtsersparnis, Einkonstruieren von Rundungen und kraftflussoptimiertem Design zur Anwendung kommen. Hauptziel ist jedoch, mit einer 3D-gedruckten Vorrichtung das Leben des Anwenders in der Montage oder in der Fertigung zu erleichtern. Somit dient das Bauteil nur als Hilfsmittel, um einen anderen Fertigungsschritt zu begleiten oder zu unterstützen.

Wenn es um Kleinserien, Bauteile in Produkten oder die Produkte selbst geht, können alle Vorteile der Technologie zum Einsatz kommen, um den eigenen Mehrwert als Firma und den Mehrwert für den Kunden zu realisieren.

Um auf die Fertigungshilfen zurückzukommen, die als Booster für den nächsten Schritt dienen, sind die folgenden Abteilungen (siehe Tab. 2.2) plausibel. So sind vier- bis fünfstellige Einsparsummen pro Jahr zu erzielen, obwohl Sie nur eine Vorrichtung oder ein Hilfsmittel 3D-gedruckt haben.

Tab. 2.2 Potenzielle Einsparsummen nach Abteilungen. (Quelle: Eigene Darstellung)

Abteilung	Einsparung im Jahr	Anzahl Anwendungen
Laserbeschriftung	ca. 17.000,- €	9
Baugruppenmontage	ca. 31.000,- €	21
Elektronik (Löten)	ca. 9.000,- €	5
Schaltschrankbau	ca. 8.000,- €	2
Qualitätskontrolle	ca. 61.000,- €	31
Schweißerei	ca. 7.000,- €	4
CNC-Fertigung	ca. 7.000,- €	8
Instandhaltung	ca. 11.000,- €	39
Lackiererei	ca. 3.000,- €	5

Ein gutes Beispiel ist eine einfache Standstrahlanlage, bei der per Hand das Bauteil sandgestrahlt wird. *Sie* sehen eine einfache Sandstrahlanalage und abgeklebte Bauteile, die nur an den nicht abgeklebten Stellen bearbeitet werden sollen. *Ich* sehe die ersten Anwendungen, die mit 3D-Druck schnell und einfach Geld und Zeit sparen sowie den Prozess des Mitarbeiters vereinfachen.

2.2.1   Diese Probleme löst 3D-Druck

Einer der wichtigsten Denkschritte in der Anwendung von IAM besteht darin, eine bestehende oder anstehende Problematik im Unternehmen oder beim Kunden zu finden, diese nicht sofort aufwendig mit der konventionellen Fertigung lösen zu wollen, sondern 3D-Druck gleich zu Beginn mit im Kopf zu haben.

So gibt es, wie beim Einsatz jeder Technologie, mehrere Bewusstseinsebenen, die vom anfänglichen Problem zu einer Lösung führen:

- Kein Bewusstsein: Keine Wahrnehmung eines Problems. Somit muss erst aufgezeigt werden, dass ein Problem besteht
- Problem- oder Bedürfnisbewusstsein: Ein Problem ist erkannt, aber es scheint nicht lösbar
- Lösungsbewusstsein: Erstmalige Erkenntnis, dass eine Lösung besteht – aber welche Lösung?
- Angebotsbewusstsein: Sammeln und vergleichen von verschiedenen Lösungen
- Entscheidungsbewusstsein: Abwägen zwischen Features/Benefits und dann eine Entscheidung treffen

Damit 3D-Druck erfolgreich umgesetzt wird, müssen vor allem Schritt eins und zwei zu Ihren Fähigkeiten gehören. Die technische Umsetzung ist nach gefundener Problematik für viele der leichteste Schritt.

Werden Sie also gut im Erkennen von Stress oder Problemstellungen (siehe Abb. 2.1) im Unternehmen, egal ob es um Fertigungsschritte oder um mögliche Bedürfnisse geht, die der Kunden bei einem Produkt äußert.

Vereinfacht gesagt, handelt es sich darum, Probleme zum Thema Erhitzen und Kühlen, Takt und Montage, Herstellung und Kosten, Gewicht und Funktionen, Lieferung und Transport oder Entwicklung und Fertigung im Unternehmen zu finden sowie Herausforderungen, über die sich die Mitarbeitenden beklagen. Besonders häufig treten diese bei Arbeitsschritten auf, die einen inneren Widerstand im Kopf auslösen, weil der Prozess nicht genug optimiert wurde, um diesen sorgenfrei auszuführen. Jede Beanstandung eines Prozesses oder eines

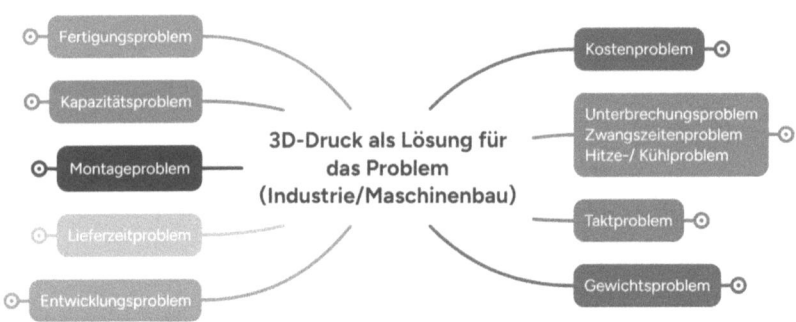

Abb. 2.1 3D-Druck als Lösung für das Problem. (Quelle: Eigene Darstellung)

Arbeitsganges im Entwicklungs- und Produktionsumfeld sollte zielgerichtet mit 3D-Druck durchleuchtet werden.

2.2.2 Wann ist 3D-Druck sinnvoll?

Über den sinnigen Einsatz von 3D-Druck lässt sich streiten, da dies oft auch abhängig von wenigen Kriterien ist. So lassen Kunden häufig auch Teile teurer mit IAM fertigen, nur um das Funktionsteil vier Tage früher in der Anlage einbauen zu können, da der Liefertermin knapp ist. Genauso kann es sich bei einem 3D-gedruckten Bauteil in einem Reinigungsprozess auch um einen Einwegartikel handeln, der nach der Anwendung entsorgt wird, da der Aufwand, eine Edelstahlmechanik nach jedem Prozess zu reinigen und regelmäßig zu warten, zu teuer und zu aufwendig wären.

Grundsätzlich können nachstehende Checkpunkte angewendet werden, wenn es um den Einsatz von IAM geht, völlig unabhängig davon, ob es sich um einen Prototyp, ein Hilfsmittel oder ein Endprodukt handelt.

2.2.3 Wann 3D-Druck keinen Sinn macht

3D-Druck macht keinen Sinn, wenn eine der folgenden Aussagen auf Ihr Unternehmen oder Ihr Vorhaben zutrifft:

• Hauptsache ein noch günstigerer Preis
• Grundlose Alternative zur bestehenden Lösung

- Konventionelle Konstruktion als Ausgangslage
- Die Anwendung ist nicht ausführlich qualifiziert worden
- Hauptsache, es ist mal 3D-gedruckt
- Jemand hat gesagt, 3D-Druck sei günstiger und schneller

2.2.4   Wann 3D-Druck Sinn ergibt

3D-Druck macht dann durchaus Sinn, wenn eine der folgenden Aussagen auf Ihr Unternehmen oder Ihr Vorhaben zutrifft:

- Durchlaufzeit eines Bauteils wird reduziert
- Die Herstell- und/oder Prozesskosten verringern sich
- Der Montageaufwand vereinfacht sich
- Durch Leichtbau wird Gewicht eingespart
- Die Funktion des Bauteils bekommt einen Mehrwert
- Der Anwender- oder Kundennutzen wird erhöht

2.3   Die Not-to-do-Liste für IAM

Die große Anzahl an Möglichkeiten, versteckten Chancen und geschenkten Vorteilen im 3D-Druck versetzt einen schnell in eine anfängliche Starre der Überforderung. Überstimuliert von Reizen, was man jetzt und sofort mit 3D-Druck im Unternehmen, in den Abteilungen, bei Produkten, Anwendungen und Entwicklungsprozessen umsetzen könnte, führt bei vielen Anwendern zu einem ewigen Aufschieben. So wird der richtige Moment und die perfekte Anwendung gesucht, vorher kann es nicht losgehen. Andere wiederum sind von den Einsparpotenzialen so verblüfft, dass nicht geglaubt wird, diese selbst auch erreichen zu können. Wieder andere geben sofort auf, weil man gesehen hat, dass der Wettbewerber schon einen Schritt weiter ist oder man das Thema komplett verschlafen hat und zu viel aufholen müsste.

So scheitert es bei sehr vielen Unternehmen nicht an der anfänglichen Motivation, sich mit dem Thema zu beschäftigen, sondern in sehr vielen Fällen an der Disziplin, dranzubleiben und eine Entscheidung zu treffen. Folglich wird ein Akt der Zeit- und Ressourcenverschwendung in Gang gesetzt, der die Teilnehmer in eine Spirale vieler unbeantworteter Fragen befördert, aus der man sich selbst nicht mehr herauswinden kann. Von außen betrachtet folgt das Vorgehen keiner Logik mehr. Es werden Meetings über 3D-Druck-Anwendungen und -Technologien mit verschiedenen Abteilungen geführt, die alle keine Ahnung davon haben und nach 60 min zum Entschluss kommen, das Thema in die Zukunft zu verschieben und nichts umzusetzen, weil man keine Antworten auf die Fragen gefunden hat.

Erkennen Sie den Fehler? Fünf Abteilungsleiter sitzen zusammen und diskutieren über 3D-Druck, wovon sie eigentlich keine Ahnung und auch keinen Ansatz für den ersten Schritt haben. Auf diese Weise kann nur gar keine oder eine schlechte Entscheidung herauskommen. Dabei ist allen Meetingteilnehmern ohne Zweifel bewusst, welche Vorteile in IAM steckt, aber nicht, was es ein Unternehmen kosten kann, wenn man nicht richtig damit beginnt oder es einfach ignoriert. Immer dann, wenn es dazu kommt, dass die mentalen Blockaden größer sind als die als nächstes anstehende Handlung, sollte man sich die Frage stellen, wer dies wohl später zu verantworten hat, wenn daraus große wirtschaftliche Nachteile entstehen.

Genau genommen gibt es besonders dann, kurz bevor man loslegen will, noch irgendwas, das einen zurückhält und ausbremst.

Dabei unterscheidet man in drei Zonen: Dinge,

- von denen man weiß, dass sie einen bremsen,
- von denen man weiß, dass man sie nicht weiß und
- von denen man nicht weiß, dass man sie nicht weiß und die zusätzlich ständig unterbewusst beeinflussen.

Kurz gesagt fehlt vielen Unternehmen nicht das technische Wissen über die additive Fertigung, sondern dass die ersten wichtigen Schritte auch richtig gemacht werden. Eine anfangs falsch getroffene Entscheidung kann über Monate hinweg wie eine „Bombe" im eigenen Unternehmen liegen, die dann auf einmal hochgeht. Es gibt viele Wege, um mit 3D-Druck zu spielen, aber nur wenige sind angepasst an die eigene Unternehmenssituation, die zu herausragenden Ergebnissen führt. Es gilt auch hier die Devise: Misserfolg zu vermeiden, führt eher zu Erfolg, anstatt den einen Weg zu suchen und alles gleich richtig zu machen. Besonders geht es darum, viele Fehler von Beginn an einfach nicht zu machen.

2.3.1 Hinweise und Tipps

Die nachfolgenden Hinweise und Tipps sollen Ihnen dazu dienen, das Schlimmste von Ihrem 3D-Druck-Vorhaben abzuwenden. Setzen Sie sich also mental beim Vorhaben, die industrielle additive Fertigung einzuführen, auf Null. Diejenigen, die das als „kindisch" und „unter ihrem Niveau" empfinden, lassen sich von ihrem Ego leiten und werden deshalb später enttäuscht oder erst deutlich später erfolgreich.

2.3.2   Kein Anhauen, Umhauen, Abhauen zulassen

Vertrauen Sie dem Hersteller von 3D-Druckern oder den dazugehörigen Materialien nicht blind. In den letzten Jahren haben viele Hersteller in der Branche gezeigt, dass es nur um deren eigenen Vorteil geht, einen 3D-Drucker zu verkaufen und möglichst viele Geräte in den Markt zu bekommen, weil die Aktionäre das so wollen, anstatt den Kunden weiterzuentwickeln und zum Erfolg zu führen.

Zu viele 3D-Drucker stehen still, der Support ist kaum erreichbar, und der Vertriebler versucht bereits, das nächste Upgrade schmackhaft zu machen. Das passiert nicht nur bei kleinen Desktop-3D-Druckern aus Fernost, sondern auch bei großen etablierten Marken.

2.3.3   Großes Scheitern vermeiden

Wenn deutsche Unternehmen eines aus Amerika gut übernommen haben, dann ist es das große Scheitern in IAM. Denn, wenn man im Staat Texas scheitert, dann nicht klein, sondern immer groß, sonst hat es sich nicht gelohnt. Haben Sie also Anfangsgedanken, dass es sofort ein sechsstelliger Betrag für einen Metall-3D-Drucker sein soll oder Sie zuerst viele 3D-Druck-Fertigungsverfahren ausprobieren wollen, so sind Sie im Begriff, mit voller Wucht in eine schnell drehende Kreissäge zu laufen.

2.3.4   Nicht mit dem komplexesten Fall beginnen

Üblich ist der Gedanke, sich zu Beginn den schwierigsten Anwendungsfall im Unternehmen rauszusuchen, um diesen dann mit IAM zu lösen, damit es sich auch richtig lohnt. Während Sie, wie im Kapitel zuvor, bei den „popeligen" Anwendungen sofort auf Erfolgsergebnisse stoßen, legt eine schwere Anwendung Ihnen viele weitere Steine in den Weg, die von Beginn an unlösbar wirken. „Nicht von falschen Problemen ausgehen" vermeidet somit auch, falsche Lösungen suchen zu müssen. Um anspruchsvolle Anwendungen und Serienteile drucken zu können, brauchen Sie einen bestimmten Reifegrad im Unternehmen.

2.3.5   Keine gute Idee: Den falschen ROI berechnen

Versucht man, konventionelle Fertigungsverfahren mit der additiven Fertigung auf der Kostenseite zu betrachten, werden oft die falschen Werte verglichen. So scheitern viele Anwender schon bei der Berechnung, was eine zusätzliche Funktionsintegration, Innovation oder Individualisierung im 3D-gedruckten Bauteil wert ist und wie viel dies in Geld ausgedrückt besser oder schlechter als z. B. das gefräste Bauteil ist. Hier müssen immer die TCO (Total Cost of Ownership) betrachtet werden. Bei einfachen Vorrichtungen und Montagehilfen geht es nicht darum zu berechnen, was das Bauteil kostet, sondern was es kostet, es nicht zu drucken. So kann eine einfache Vorrichtung, die z. B. 40 € Materialkosten hat und durch eine Potenzialanalyse vor Ort gefunden wurde, im Produktionsprozess auch mal eben ca. 15.000 € einsparen. Sollte Ihnen die Zahl zu hoch erscheinen: willkommen in der neuen Welt der Kosteneinsparung mithilfe von 3D-Druck. Im nachfolgenden Rechenbeispiel werden Sie erkennen, dass der Vergleich zwischen den Herstellungsmethoden unrelevant ist, sondern 3D-Druck dazu führt, dass aufwendige Vorrichtungen schneller und einfacher zu hohem Einsparpotenzial führt.

Rechenbeispiel: Sie finden mit der K3A-Methode (Kommunikative 3D-Druck-Anwendungsfindung) das Potenzial für eine 3D-gedruckte Vorrichtung im Montageprozess, die Ihrem Mitarbeiter täglich 1,5 Std in einem Arbeitsgang einspart. So wären das bei 220 Arbeitstagen und 45 €/Std inkl. aller Gemeinkosten auf das Jahr gerechnet 14.850 € an Einsparung – und das bei einer einzigen Anwendung. Im Schnitt finden wir 35–60 Anwendungen.

2.3.6   Naivität und Generalisierung vermeiden

So manche 3D-Druck-Neuigkeit in den Medien lässt selbst den gewieftesten Ingenieur mit 30 Jahren Erfahrung völlig blauäugige Entscheidungen treffen. Prüfen Sie neue Informationen im Zusammenhang mit 3D-Druck immer mit dargelegten realen Beispielen und Ergebnissen nach. Es klingt absurd, doch Geld für ein 3D-gedrucktes Musterteil auszugeben ist günstiger, als später enttäuscht zu werden. Genau solch eine Verallgemeinerung von IAM sollte detailliert hinterfragt werden. So kommt es immer wieder vor, dass Anwender vor 10 Jahren einmal zerbrochene FDM-Bauteile in der Hand hatten und für sich die Entscheidung getroffen haben, 3D-Druck ist nichts für das Unternehmen. (Das Kürzel FDM steht für Fused Deposition Modeling.)

2.3.7 Belanglose mentale Blockaden sind normal

Aus vielen durchgeführten Potenzialanalysen und begleiteten Technologieent-scheidungen ist vermehrt zu sehen, dass es nicht an komplexen Anwendungen im Unternehmen scheitert, sondern an bestimmten Engpässen in der Kommunikation mit der Belegschaft, Irrtümern über die Technologie und trivialen Interpretationen. So ist die Aussage „Das hätten wir doch sehen müssen" am Ende immer einleuchtend. Es kann also auch ein alltäglicher Fehler sein. Wichtig ist, diesen gefunden zu haben und sich zu freuen, den Fehler auch einfach und schnell lösen zu können.

2.3.8 Propagierte Features nicht überbewerten

Es gibt beim Kauf von 3D-Druckern oft den Gedanken, die Features untereinander vergleichen zu müssen, anstatt von der Anwendung und dem Vorhaben rückwärtszudenken. Dies gilt auch für die Features. So werden aktuell viele Desktop-3D-Drucker im Low-Budget-Bereich aufgrund der Schnelligkeit des Druckvorgangs verkauft. Konkret ist jedoch zu betrachten, dass viele sehr zufriedene Anwender den Drucker wegen der Zuverlässigkeit und Prozesssicherheit kaufen, weil er auch schnell drucken kann. Andererseits glaubt man, ein bestimmtes Feature unbedingt zu benötigen, das auch einen großen Kostenpunkt in der Anschaffung ausmacht, jedoch im Nachgang nicht gebraucht wird, weil die Anwendung schon fehlerhaft qualifiziert wurde. Die Verwendung von Features bei 3D-Druckern sollte immer in der „zweiten Ableitung" betrachtet werden.

2.3.9 Eintagsfliegen im 3D-Druck vermeiden

Trotz der seit 2024 anhaltenden Konsolidierungsphase in der Branche gibt es noch immer Unternehmen, die bestehende Drucktechnologien mit guten Ideen verfeinert haben und mit viel Investorengeldern den Markt medial überfluten. Dies führt zu einem künstlichen Hype und dem Glauben, genau diese Technologie brauchen zu müssen. Doch der Höhenflug kann schnell enden, wenn dem 3D-Druck-Hersteller weiteres Geld für Investitionen verweigert wird. Ein Blick auf Aktienkurse und Berichte über die Stabilität des Unternehmens in den Medien bringt oft Klarheit.

2.3.10 Unbekanntes kann nicht vermisst werden

Wenn man die Fähigkeiten und Möglichkeiten, die sich in IAM als Ergebnisse in Zeit, Geld und Innovationskraft niederschlagen, noch nicht kennt, können Sie diese Vorteile auch nicht vermissen. Fragen Sie immer nach Fallstudien und Resultaten, die Unternehmen bereits implementiert haben und als alltäglich und normal ansehen. So können Sie spüren, wie die „neue Welt" mit IAM aussehen kann.

Es gibt noch viele weitere Punkte, die Sie auf der Not-to-do-Liste zu Beginn abhaken sollten. Vielleicht haben Sie sich ja in einer der o.g. Situationen wiedergefunden. Und ein letzter Hinweis: Lassen Sie sich immer herstellerneutral beraten, bezogen auf Ihre konkrete Unternehmenssituation – oder ziehen Sie eine fundierte Zweitmeinung hinzu.

Wir unterscheiden drei grundlegende/typische Situationen:

- Sie haben bereits von 3D-Druck gehört und beschäftigen sich aktuell damit, es ist aber noch zu unübersichtlich?
- Sie planen schon länger damit loszulegen, aber etwas hält Sie noch zurück?
- Sie nutzen 3D-Druck bereits, aber sind noch nicht zufrieden mit den Ergebnissen?

Egal, in welcher Situation Sie sich befinden: Der beste Moment, um mit IAM zu starten war vor fünf bis zehn Jahren, der zweitbeste Zeitpunkt ist genau jetzt!

Was Sie aus diesem *essential* mitnehmen können

- **Ein neues Verständnis für die Potenziale von 3D-Druck**
  - jenseits von Technikhype und futuristischen Versprechen.
- **Klarheit über sinnvolle Einsatzbereiche**
  - und wann additive Fertigung wirtschaftlich wirklich sinnvoll ist.
- **Werkzeuge zur Identifikation geeigneter Anwendungen**
  - von Prototypen über Fertigungshilfen bis zu Endprodukten.
- **Impulse für eine strategische Herangehensweise**
  - die IAM im Unternehmen nachhaltig verankert.
- **Motivation zur Umsetzung statt bloßer Theorie**
  - mit Fokus auf Ergebnisse, nicht nur Ideen.

Literatur

Lutz, Johannes und Haag, Matthias: 3D-Druck Profi-Wissen. 3. Aufl. Erschienen im Selbstverlag Johannes Lutz und Matthias Haag 2022.